はじめに

脳科学による脳トレが「認知機能検査対策」に有効!

検査で必要な脳力「記憶力」「情報処理力」「視空間認知力」がUP! 認知機能が若返る!!

運転免許の認知機能検査では「記憶力」と「認知症の恐れ」がチェックされます。検査の前はさぞかし不安でしょう。しかしご安心ください! 本書の脳トレで検査対策は万全です。

この検査に必要とされる脳力は「記憶力」「情報処理力」「視空間認知力」の3つ。本書巻末にある脳トレを継続的に行い、3つの脳力を効率よくきたえましょう。私たちの研究では、脳の認知機能は何歳からでも向上することが証明されています。さあ! 本書で検査対策を始めましょう。

川島隆太 東北大学教授

Gakken

川島隆太教授の 運転免許認知機能検査合格対策脳ドリル

＼脳科学が実証！／

※「脳ドリル」は学研の登録商標です。

もくじ

特集

特集 1

脳トレの認知機能向上で安全運転能力が上がる!

東北大学 川島隆太 教授

特集 2

実際の交通事故事例からわかる高齢運転者のリスクポイント

自動車運転免許研究所所長 長信一

特集1

最新の脳科学が証明！

脳トレの認知機能向上で安全運転能力が上がる！

東北大学 川島隆太 教授

死亡事故は高齢者が起こす割合が非常に高い！原因は安全確認の遅れ

運転免許保有者の4人に1人が高齢者

近年、交通事故は減少傾向にありますが、超高齢化社会の日本ではたくさんの高齢者が車を運転しています。65歳以上の運転免許保有者（免許人口）は全体の23・7％と、4人に1人が高齢者となっています。

運転する人の数が多いということは、事故を起こす人数も多くなることを意味します。また、高齢者の関わる事故は大きくなりがちです。この10年ほど、交通事故での死亡者は年々少なくなっていますが、**死亡者の中で高齢者の占める割合は常に50％を超えています。**

しかも免許人口10万人あたりの死亡事故件数を比べてみると、20代から70代前半までは3件以下をキープしていますが、75歳を境に上がっています。特に85歳以上は、すべての世代で最大となっています。

このようなことからも75歳以上の高齢者の運転はリスクが非常に高いといえます。ただ、公共交通機関の整備された都市部以外の地域では、買い物、通勤、通院など、車がないと日常生活が成り立ちません。便利で快適な生活を送るには、安全運転能力を磨き、維持する必要があるのです。

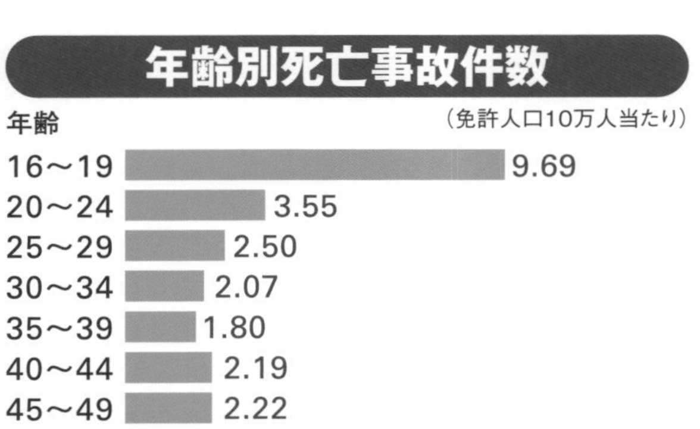

年齢別死亡事故件数

（免許人口10万人当たり）

年齢	件数
16～19	9.69
20～24	3.55
25～29	2.50
30～34	2.07
35～39	1.80
40～44	2.19
45～49	2.22
50～54	2.73
55～59	2.46
60～64	2.46
65～69	2.47
70～74	2.90
75～79	3.80
80～84	6.77
85以上	11.84

出典：警視庁交通局「令和2年　交通事故発生状況及び道路交通法違反取締り状況等について」

高齢ドライバーの事故の状況と原因

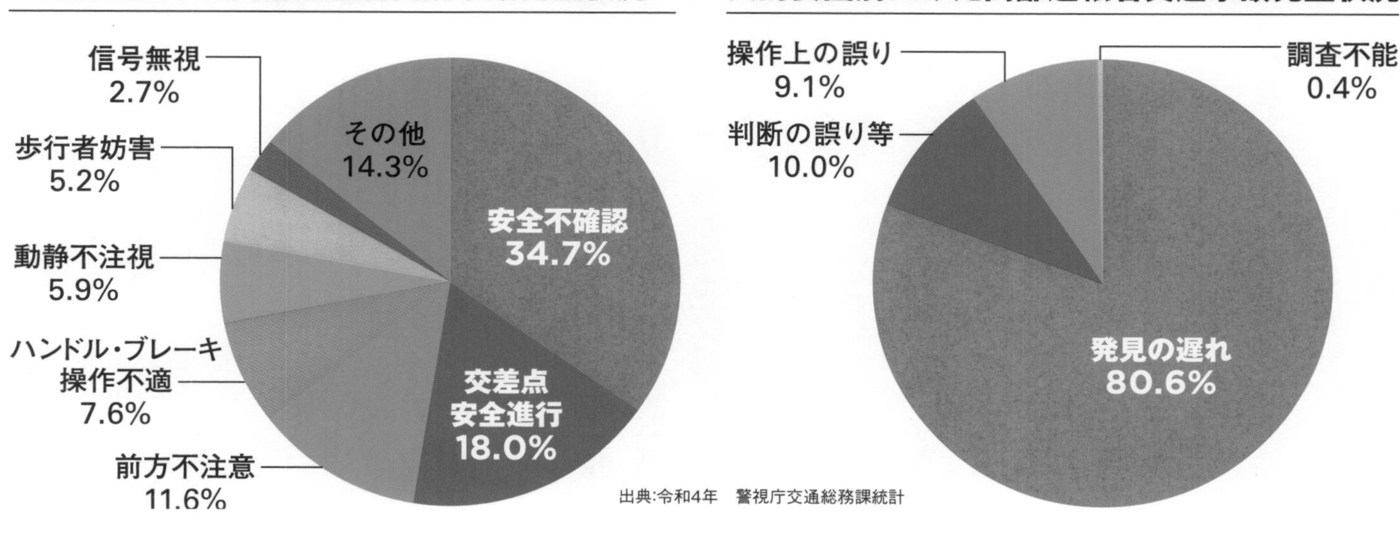

出典:令和4年　警視庁交通総務課統計

交差点での不注意や前方不注意が原因

高齢ドライバーの交通事故の**発生原因の中で8割を占めているのが「発見の遅れ」**です。これは、本人は運転に集中していたつもりでも、近くの他の車両や歩行者などに気づかなかったことを意味します。

違反別にみた事故の発生状況では、上位に並ぶのは「安全不確認」、「交差点安全進行」、「前方不注意」と安全確認に関する項目です。

つまり、高齢ドライバーは自分が運転する車の周りの安全をしっかりと確認しないまま車線を変えたり、交差点に進入したり、右左折したりすることで、事故を起こしたことになります。これらの誤った操作をする前に**危険を早く発見できていれば防げた事故もたくさんあるはず**でしょう。危険な状況の発見の遅れから事故が起きてしまったといえるのです。

高齢ドライバーが安全確認を怠ってしまうのは、単なる不注意というよりは、**脳機能の衰えが関係している**と考えるべきです。車の運転は認知、判断、操作の3つの能力が支えています。

安全確認がきちんとできずに危険の発見が遅れるのは**「認知ミス」**です。ドライバーは認知ミスによって慌ててしまうと、まちがった判断をする**「判断ミス」**、ひいてはアクセルやブレーキの**「操作ミス」**が起きてしまいます。脳機能が衰えてくると、それぞれでミスが発生し、事故につながってしまうのです。

事故の要因はこの3つ!

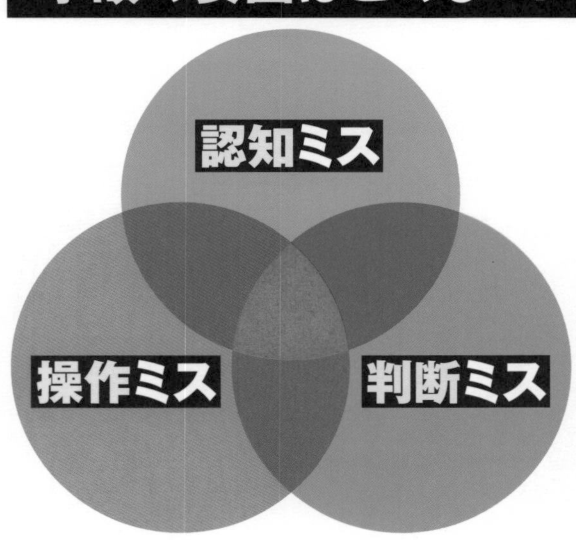

脳機能の衰えで危険回避が遅れることにより運転操作をミスしてしまう

認知機能の低下で運転能力も低下する

自動車を運転する際、ドライバーは、前の車や後続車との距離、飛び出す歩行者はいないか、前方に障害物はないか、信号や標識など、**周囲からたくさんの情報を脳が受け取り、それらを適切に判断（認知）する**ことで、**脳が手足に指令**を出し、車の速度などを調整し、**安全に運転する**ことができます。

例えば、前の車が急ブレーキを踏んだとき、そのことをすぐに認知できれば、自分も早めにブレーキを踏み、すぐに止まることができます。しかし、**認知機能が低下**すると発見が遅くなり、ブレーキを踏むという判断や操作も遅れ、衝突する事故につながります。

また、認知能力は脳の記憶力や情報処理力とも関わっています。必要な情報を一時的に記憶する脳の機能をワーキングメモリといいます。加齢によってワーキングメモリが衰えると、一度に覚えられる項目が少なくなり、運転中、同時に**複数の作業ができなくなります。**例えば自分の前の車だけに注意が行き過ぎると、横からのバイクや車に気づかなくなります。

このように、**認知機能が衰えてくる**と、危険察知が遅れ、**事故のきっかけ**をつくってしまうのです。

ミス1 認知（気づき）が遅い

判断の遅れ

ミス2 記憶力の衰え

同時に複数の作業ができない

ミス3 標識の見落とし

危険予測ができない

安全運転のために脳の前頭前野をきたえる!

安全運転をするために重要な認知、判断、操作の3つの能力は、全て脳の前頭前野という部分の働きです。車を運転するとき、前方の状況、信号機の色、道路標識や案内標識、横を走る車両の情報など、実に膨大な情報がしかもその瞬間ごとに刻々と変わりながらドライバーの前頭前野に集まります。

前頭前野はそれらの情報を瞬時に処理して、適切な判断を下し、運転するための指令を手足に伝える役割をしています。つまり、安全運転をするためには前頭前野が正しく機能しないと成り立ちません。

一般的に人間の認知機能は20歳にピークを迎え、その後は加齢に伴い徐々に低下していきます。認知機能の衰えは、認知速度の低下(情報処理が遅くなる)とワーキングメモリの容量の減少(一度に覚えられることが少なくなる)という形で現れます。

認知機能が衰えると、短い時間でたくさんの情報を処理しなければいけない状況では、全ての情報を処理しきれず、運転中に慌ててパニックになってしまうケースが多々あります。

そうならないためには、前頭前野の機能を向上させる必要があります。脳トレによって前頭前野を鍛えることで、信号、周りの車やバイク、歩行者など、ドライバーに入ってくるたくさんの情報をすばやく認知し、それに基づいた正しい指令を手や足にすばやく伝えられるようになるので、安全運転能力が向上するのです。

ドライバーに入るたくさんの情報

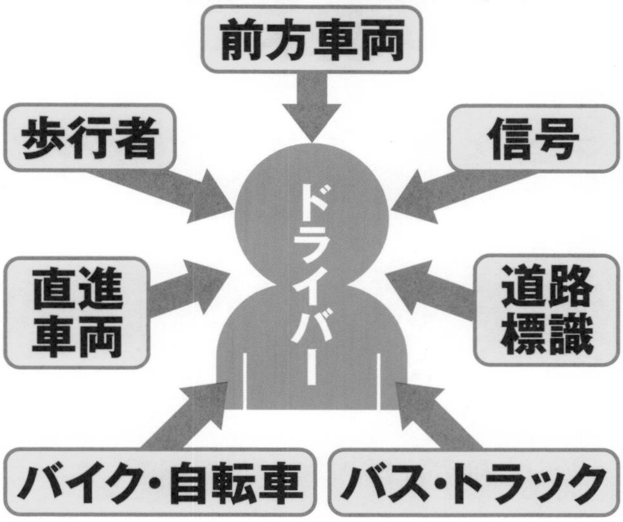

前方車両
歩行者
信号
ドライバー
直進車両
道路標識
バイク・自転車
バス・トラック

前頭前野の働き

●安全運転のための脳機能を司る。

●ハンドル・ブレーキ等の操作の指令を出す。

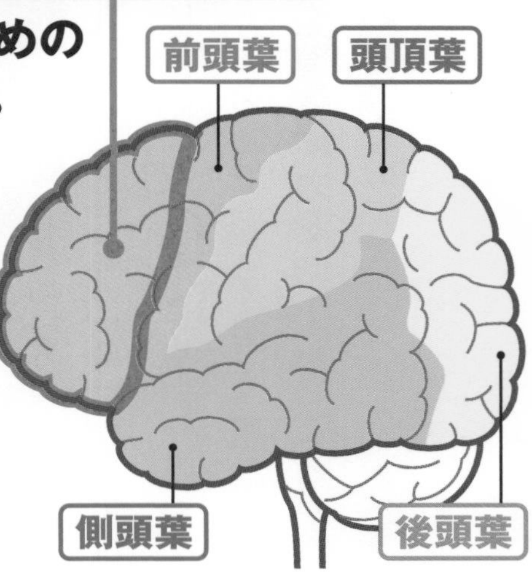

前頭葉
頭頂葉
側頭葉
後頭葉

前頭前野は記憶や判断のほか、意思決定、感情の制御、コミュニケーションといった最も重要な働きをつかさどる場所です。

安全運転能力 = 正しい&素早い 認知 判断 操作

前頭前野をきたえる脳トレが必要!

脳トレで安全運転能力が向上！
検証実験で脳トレ効果を実証しました

配送ドライバーに検証実験を実施

脳トレは文章を早く読む、簡単な計算を早くやるなどを繰り返すことで、前頭前野の活動を活発にするものです。**どんなに高齢だとしても**、脳トレを継続することで、**脳機能が向上する**ことが証明されています。

安全運転をするための認知、判断、操作の能力は前頭前野と関わっています。

急加速・急減速の頻度が25%減少

走行距離150kmあたりの急加速・急減速の回数 ※n=8

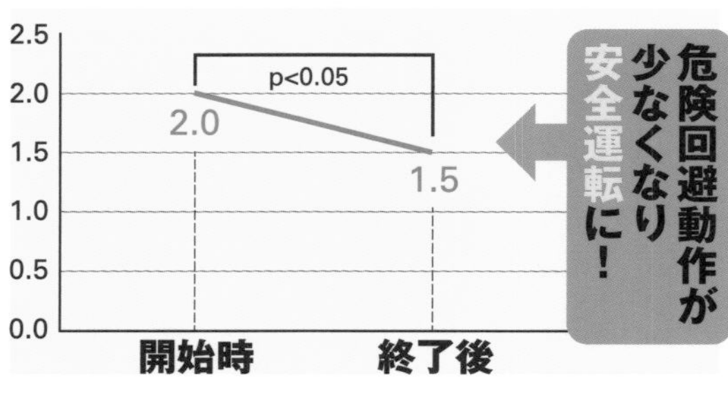

脳トレ実施後では急加速・急減速の頻度が25％も減少。脳トレで認知機能が向上したことで、周囲の状況を素早く的確に判断する脳力が向上。その結果、危険回避動作（急加速・急減速）の頻度が減少したと考えられます。

出典：(株) NeU

つまり、**前頭前野の働きを活発にする脳トレ**は安全運転の能力の向上にも効果を発揮します。

このように考えて開発したのが、予測力や、周辺視野への視覚的な注意力を向上させるトレーニングなども加えた、運転のための脳トレです。

この脳トレをプロの配送ドライバーに試したところ、脳トレ実施の後では、**運転中の急加速・急減速の回数が何と25％も減少するという実験結果**が出たのです。急加速・急減速は、自車の周囲の状況をしっかりと認知できなかったときに起こる危険回避の行動です。

急減速・急加速が減ったことは、危険な状況に事前に気づき、早めに対処できていることを意味しますので、**脳トレにより安全運転能力が向上したことが科学的にわかった**のです。

安全運転「脳トレ」実証実験の流れ

22年6月末 ← 4週間、脳トレを実施 → 22年7月末

事前脳機能チェック

脳トレ風景

出典：(株) NeU

脳トレ内容

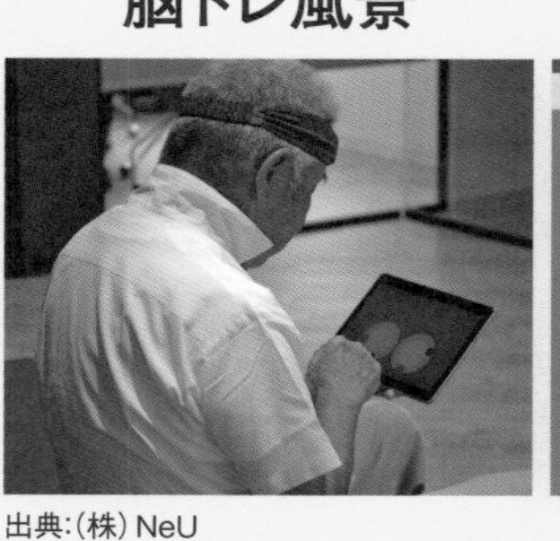

事後脳機能チェック

← 脳機能を前後比較 →

配送ドライバーに4週間、業務日に脳トレを実施。脳トレ開始から2週間、脳トレ終了後2週間の運転状況を記録した。運転状況は車両の速度、運行距離などを記録装置（デジタルタコグラフ）で計ったところ、急加速・急減速が25％も減少。脳トレ後の脳機能検査では認知機能の向上が認められた。

認知機能が上がると安全運転能力が上がる

配送ドライバーに対する脳トレの効果を測定するために、脳トレの実施前後に脳の認知機能（頭の回転、注意力、記憶力）に関するテストを実施しました。

脳トレで認知機能が向上！
注意力・記憶力・頭の回転力がアップ

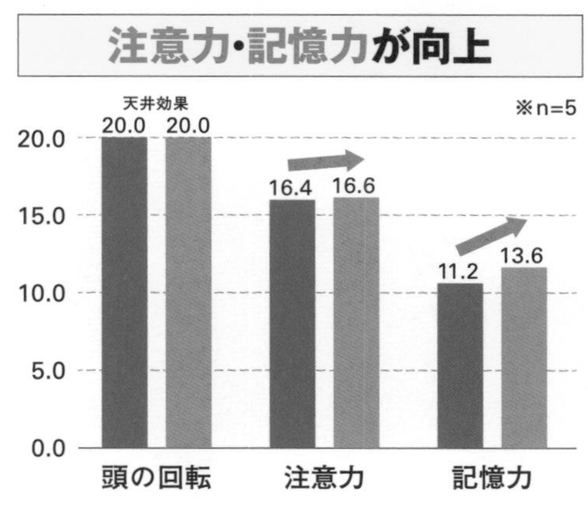

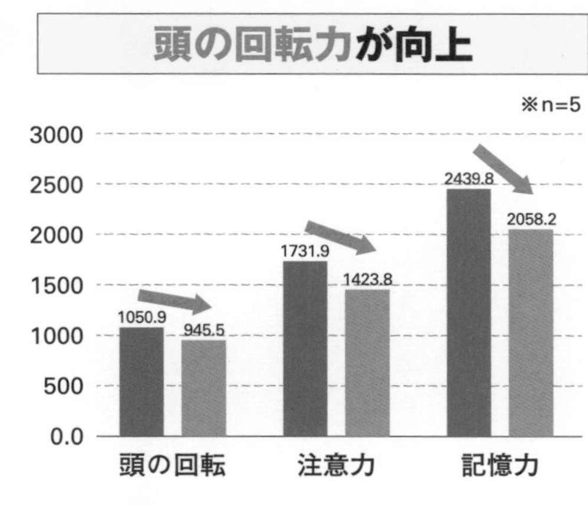

■ 実施前　■ 実施後　※n=5 脳機能チェック実施が遅くなってしまった3名を除いた（脳の疲労蓄積があると考えられるため）　出典：(株) NeU

テストの点数を比較してみると、注意力と記憶力で、**脳トレ後の方が高得点**になっているのがわかります。また、問題を解く時間を測定すると、すべての項目で解答時間が短くなっていました。これは短い時間で情報処理できていることになりますので、**頭の回転が早くなった**といえます。

このように脳トレを行うことで**「認知速度が速くなる」**ので、実際に、車の運転をする際には周りの交通状況を素早く認知できるようになり、そのことで**危険を回避する操作が早くなる**という結果になりました。つまり**脳トレによる認知機能の向上が安全運転能力を向上させることを証明**したのです。

脳トレの「安全運転」効果

①認知速度が上がる
▼
②交通状況を素早く認知
▼
③早めに危険回避できる

川島隆太教授 開発・監修

車を使う企業向け「運転脳トレ」サービス

川島隆太教授が開発・監修した運転脳トレは、㈱NeU（ニュー）より配送業、バス・タクシー会社など、運転サービスをおこなう企業向けにアプリとしても提供されています。このアプリでは、頭の回転、予測力、注意力などを鍛えるトレーニングをおこないます。ドライバーの運転の質が向上することで、省エネルギー、事故リスクの低減などの効果も生まれています。

脳トレで認知機能を改善

頭の回転　注意力　予測力

出典：(株) NeU

安全運転技能の向上

車体への負荷を軽減　エコな運行　事故の予防

認知機能検査では記憶力と認知症の恐れをチェック。前頭前野の脳トレで対策を！

4種のイラストを次々に覚えるテスト

75歳以上の高齢ドライバーは、運転免許を更新する際などに認知機能検査を受けることが義務づけられています。**この認知機能検査では「手がかり再生」と「時間の見当識」**2つのテストを受けます。

手がかり再生は、4種類のイラストの4セット16種類を覚えます。そして、採点とは関係ない作業をした後でイラストをどのくらい覚えているかをテストします。手がかり再生は、記憶力（ワーキングメモリ）の機能を判定するテストです。ワーキングメモリの容量が小さくなると、認知や判断が遅れますので、運転に支障が出るということになります。

また、認知症になると時間の感覚が衰えます。検査時における年月日、曜日、時間について質問し、答えてもらうことで、時間感覚が失われていないかを調べて、受検者が認知症の恐れがないかを簡易的に見分けます。時間感覚が衰え、記憶力も低下していると、認知症の疑いがさらに強まると考えられます。

この**認知機能検査**は、脳機能の中でも特に**記憶力をメインに調べる**ものです。**脳トレは前頭前野の認知機能を向上さ**せるので、**認知機能検査対策として非常に有効**です。最低でも検査前の30日間、週3回以上脳トレを続けていくと、記憶力を含めた認知機能の向上が大いに期待できます。脳トレは毎日15分くらいと短い時間でOKです。気が向いたときにやるのではなく、少しずつ毎日継続することで効果を発揮します。

認知機能検査 手がかり再生とは

イラスト4種を1セットで16種を覚えて答える

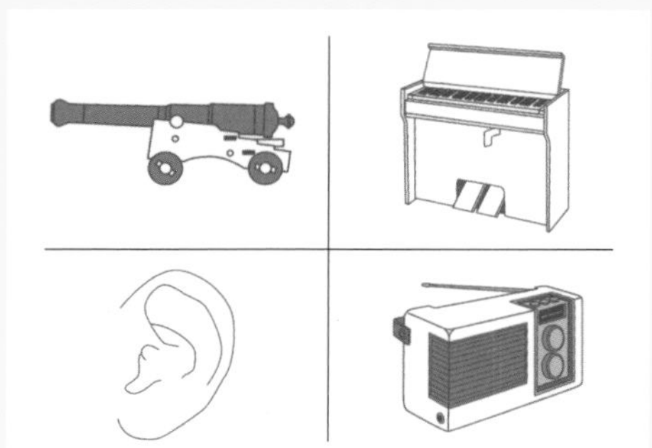

イラスト（情報）を覚えて指示にそって答える

記憶力・情報処理の脳機能を検査している

4つの絵が1セットになったものが示され、それを4セット覚える。絵と一緒に覚えるための手がかりとなるヒントも出される。絵とは関係のない課題を実施した後に、最初に示された絵を思い出せるかどうか、ヒントなしとヒントありの両方の場合で検査する。

認知機能検査 時間の見当識

質問	回答
今年は何年ですか?	年
今月は何月ですか?	月
今日は何日ですか?	日
今日は何曜日ですか?	曜日
今は何時何分ですか?	時　分

検査時点での、年、月、日、曜日、時間（何時何分）を解答用紙に1つずつ記入し、時間感覚をしっかりと認識しているかどうか確認し、認知症の傾向があるかどうかを調べる。空欄の場合は0点になる。

「記憶力」「頭の回転」「視空間認知」の脳トレで対策

この本で紹介する脳トレは、「記憶力」「情報処理（頭の回転）」「視空間認知」の3種類に分かれています。

記憶力の問題は、穴あき状態の四字熟語を完成させるためにリストにある文字を選び出したり、矢印の方向に熟語ができるよう漢字を書き入れる課題を解きます。これらの問題は、問題に提示されたりしている言葉を一時的に記憶しながら解くようになっています。しっかりと取り組むことで、**認知機能検査でもテストされる記憶力（ワーキングメモリ）の脳力を効果的に向上**させます。

情報処理の問題は、単純な計算、点つなぎ、そろばんの計算などを短時間でおこないます。このトレーニングの鍵は「いかに短時間で処理できるか」です。時間をかければできるかもしれませんが、課題をなるべく短い時間で解くことで、**情報処理能力を高めます**。

視空間認知の問題は、空間的にバラバラに広がった情報の中から同じ文字や標識を探したり、パーツがバラバラの漢字を組み立てたりすることで、**空間的な情報を把握する脳力**を鍛えます。視空間認知の脳力は空間の中から危険な情報をすばやく見つけることにつながりますので、ひいては運転能力向上にもつながります。

本書の巻末にこれら3種のトレーニングを収録しています。認知機能検査前日まで継続して取り組みましょう。

認知機能検査はこの3つの脳トレで対策!

1 記憶力トレーニング

一時的に覚えて処理する脳力

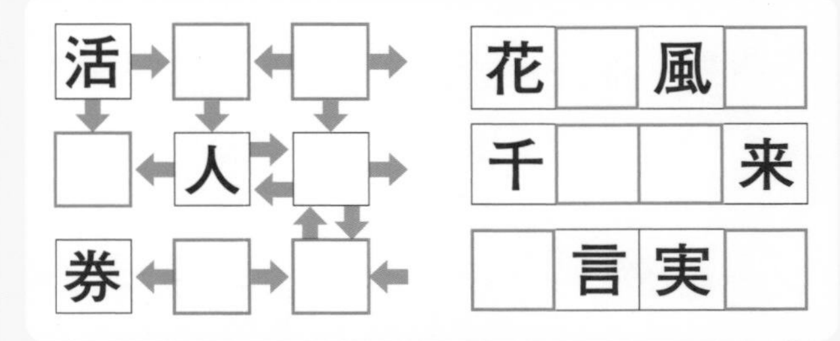

認知機能検査ではイラストを覚える記憶力テストがメインです。本書の巻末では、文字や数字などを一時的に記憶した状態で問題を解き進めていくドリルを掲載しています。記憶と情報を処理する脳力（ワーキングメモリ）をきたえることができるので、集中して取り組みましょう。

2 情報処理トレーニング

素早く答えて頭の回転力を高める

6＋2－4＝□

9÷3＋11＝□

6時間30分
＋11時間41分
□時間□分

主に計算作業を行うことで情報を素早く処理する力（頭の回転力）をきたえます。脳の認知機能の基礎は前述の記憶力とこの情報処理力です。2つの脳力をきたえることで認知機能の土台がアップし、認知機能がさらに向上していきます。全力で素早く解くことが脳力アップのコツです。

3 視空間認知トレーニング

視覚情報を正しく処理する力

目の前の色々な視覚情報を正しく把握し処理することで視空間認知力をきたえます。似た絵柄の中の間違いや紛らわしい中から同じものを探すことで、空間把握の力、注意力・集中力を向上させます。検査ではイラストを覚える問題が出るので、このドリルでしっかり対策しましょう。

特集2

実際の交通事故事例からわかる高齢運転者のリスクポイント

自動車運転免許研究所 所長 長 信一

高齢運転者の交通死亡事故の要因は運転ミスが圧倒的！

高齢運転者による運転ミスは重大事故に直結しやすい

高齢運転者による交通事故が後を絶ちません。その理由は、加齢に伴う認知機能・判断力の低下、視力や反射神経といった身体的な能力の低下など、さまざまな原因が考えられます。

下図は死亡事故の人的要因（ヒューマンエラー）別のデータですが、5つの要因に分類することができます。75歳以上と未満で比較すると、最上位の要因に大きな特徴があることがわかります。

最上位にある「操作不適」とは、運転ミスを指す道交法上の分類名称のことで、75歳未満の運転者と比較すると2倍以上の格差があります。次の「安全不確認」とは、前方・後方不確認、左右不確認により事故を招くケース。現状での割合は低いものの、高齢運転者にとっては大きな事故につながりやすい要因です。

自動車運転者による年齢層別死亡事故の人的要因比較（令和４年）

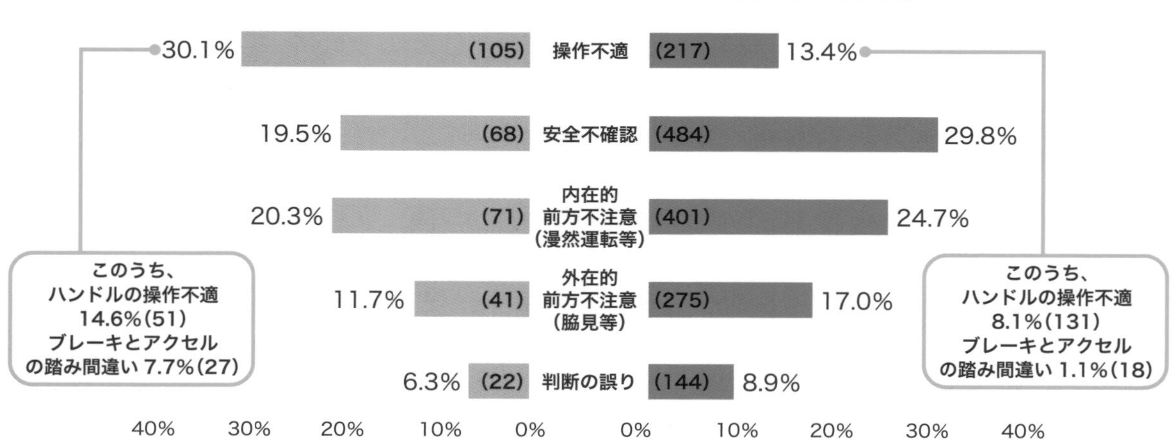

出典：「令和４年における交通事故の発生状況について」（警察庁交通局）

高齢運転者に多い交通事故①
ブレーキとアクセルの踏み間違い

気が動転してパニック状態になる

ブレーキとアクセルの踏み間違いによる事故を年齢別に見ると、75歳以上の割合が高くなっています。加齢による運転能力の低下が主な原因といわれていますが、果たしてそれだけでしょうか。

ペダルの誤操作に気づけば、普通ならアクセルからブレーキに足を移動して操作すればよいのですが、**予期せぬ挙動に気持ちが動転してしまいパニック状態になっている**と考えられます。つまり、ブレーキを踏んでいるはずが、じつはアクセルを踏んでいるのです。

次のような要因も考えられます。

後退時に後方の安全を確認しようとするとき、後方に大きく顔を向ける動作をします。このとき、上半身を後方にひねることで着座姿勢が崩れ、右足先の位置が不安定になり誤操作につながります。身体の感覚が鈍ってくる高齢期以後は、こうした**些細な操作の不正確さが大きな事故へとつながってしまう**のです。

コインパーキングに駐車して料金を精算機に入れるときにも注意が必要です。右手を大きく窓の外に出す姿勢から腰が浮いてしまい、ブレーキペダルから足が離れることがあります。オートマチック車では、アクセルを踏まなくても前進・後退するクリープ現象が発生して、意図せぬ事態を招いてしまいます。

高齢者が起こす ブレーキとアクセルの 踏み間違いによる事故の特徴	
1	予期せぬことが起こることによりパニック状態に陥る
2	前進や後退を繰り返す駐車場などで発生することが多い
3	身体能力の低下によりペダル操作に影響が出る

ペダルの踏み間違いは心がけで防ぐことが可能

ブレーキとアクセルの踏み間違い事故を防止するためのポイントをいくつか挙げてみます。

●高齢運転者は、身体能力や体の柔軟性が低下することにより自身の意図する操作を行うことができず、思わぬ運転ミスをすることがある。四肢の感覚だけに頼らず**意図的に目視を行ったり、より操作を行いやすい着衣や靴を身につけたりといった安全対策**を積極的に行う。

●駐車場などは死角が多く、突然歩行者や車が出てきてヒヤリとすることがある。パニック状態にならないためにも、周囲の**状況をよく観察して冷静に対応**できるよう心がける。

●運転中に考え事をしたり、同乗者との会話に夢中になったりすると、運転がおろそかになる。若い頃とは違い、集中力の持続が難しい状態であることを自覚し、走行中のカーナビ操作など**運転の妨げになる動作は行わない**。

高齢運転者に多い交通事故②
ハンドル操作の誤り

速度超過とカーブ、夜間運転には注意が必要

自動車の操作は、「走る・曲がる・止まる」の連続です。なかでも「曲がる」は、ハンドルを右に左に回すことによって自動車の進行方向を変える重要な役割をもっています。

高齢運転者が起こす運転ミスによる事故のうち、ハンドル操作の誤りも目立って多くなっています。事故の形態ごとにその原因を探ると、最も多いのが単独事故。カーブを曲がり切れずに道路から逸脱し、道路外の工作物に衝突するのが典型的なケースです。

また、正面衝突による事故も多発しています。何らかの原因で対向車線にはみ出してしまい、反対方向から来た車と正面衝突する――、被害者からすれば避ける余裕もなく、重大事故に直結しやすい事例といえるでしょう。正面衝突はカーブの大きさを見誤ってハンドルを切るのが間に合わず、対向車線にはみ出すことでも起こります。

対向車線を走行する逆走も高齢運転者に多く見られる事例ですが、この場合はハンドル操作の誤りではなく、**無意識のうちに対向車線を走行していたケースが大半**です。

安全運転に対する心構えの不足がハンドル操作ミスにつながる

ハンドルの操作ミスは、若年者による速度超過や運転の過信によっても起こりますが、高齢者の場合は、**加齢による視力や身体能力の低下が影響**しているものと考えられます。

また、高齢者に限らずふだん運転しない不慣れな道路ではより操作ミスが起こりやすく、高齢者ではその傾向が顕著となります。

そのほか、高齢者のハンドル操作ミスの要因には、身体能力の低下という直接的要素に加えて、

●ぼんやりと漫然運転をしていた
●時間を気にして急いでいた
●あわててパニックになった
●考え事をしていた
●カーブを曲がれると過信した

といった**心理的な要因も多分に関係**しています。

自動車運転者による年齢層別死亡事故の事故類型比較（令和４年）

	〈75歳以上の高齢運転者〉	事故類型	〈75歳未満の運転者〉
車両単独	24.4%（85）	工作物衝突	（204）12.6%
車両単独	15.2%（53）	路外逸脱	（71）4.4%
車両単独	4.3%（15）	その他	（40）2.5%
車両相互	11.5%（40）	出会い頭	（146）9.0%
車両相互	12.3%（43）	正面衝突	（144）8.9%
	死亡事故件数：349件		死亡事故件数：1,622件

出典：「令和４年における交通事故の発生状況について」一部抜粋（警察庁交通局）

高齢運転者に多い交通事故③ 反応の遅れによる衝突

高齢者は反応時間が長くなる傾向

車の運転は、「認知・判断・操作」という手順を繰り返します。

まず、目や耳などで情報を収集することから始まり、次にどの情報が危険なのか、どうすれば安全に通行できるかなどを頭の中で判断します。そして、最後に決定した行動を自分の手足に指令を出して、アクセルやブレーキ、ハンドルを回すなどの操作をします。

車の運転には、状況に応じた素早い判断と対応が求められますが、高齢になるとそれが難しくなります。

「認知・判断・操作」の正確さについて、食事をする、文字を書くといった比較的単純な作業を行う場合では、高齢者と若年者ではそれほどの差はありません。高齢者の場合は、車の運転のような**複雑な作業を同時に行うような場合に正確さが大きく低下**します。

反応時間が長くなることを自覚して運転する

危ないと感じてブレーキを踏み、ブレーキが効き始めるまでの距離を「空走距離」といい、その時間である「反応時間」は、おおむね1秒程度かかります。反応時間には個人差がありますが、一般的に年齢とともに少しずつ長くなります。

複数の情報を収集し、判断し、運転操作するまでの時間を「選択反応時間」といいますが、この時間も年齢とともに長くなり、操作の正確さは低下するといわれています。

運転適性検査を分析すると、信号の変化を正確に捉えられないといった誤反応の数は、30歳代に比べて60歳代では1・7倍、70歳代では2・2倍に増加するという結果が得られています。

高齢運転者は、自分が思っている以上に身体能力が低下しており、とっさのときに思い通りの操作ができにくくなっています。刻々と変化する交通状況にも慌てることのないよう、**運転の計画や自身の精神状態、着衣の準備など、運転に集中できる環境づくりが不可欠**です。

また、一点だけを注視したり、ぼんやりと見ていたりするのではなく、絶えず前方に注意するとともに、ルームミラーやサイドミラーなどによって周囲の交通状況に目を配ることも大切です。現在、70歳以上の人が運転免許を更新するときは高齢者講習を受講することが義務づけられています。**実車指導の際に自分の運転について確認**してください。

高齢運転者に多い交通事故④
身体の衰えを自覚しない運転

「若い頃とは違う」ことをつねに考えて運転する

体力や筋力は20歳代から徐々に低下し、60歳代では20歳代の約半分程度まで落ちるといわれています。ある程度の筋力を維持していないと、突発的な危険を回避できないことがあります。車に乗らずに歩く日を作って足腰の衰えを防ぐなど**継続的に運動をして体力の向上を図りましょう**。

また、交通事故の原因として、**運転者の心理状態や病気が影響**していることがあります。「急ぎ・あせり」「怒り」などは、状況に応じた運転操作に悪影響を及ぼすだけでなく、運転中に血圧が上昇し、心臓や脳などの病気を発症することがあります。

運転中にドキドキするなどの自覚症状がある場合は、早めに専門医の診察を受けることをおすすめします。

視力の衰えは重大事故に直結する

車を運転するときの情報の多くは、目から得ています。視力が衰えると、正確な情報が得られずに危険な運転につながります。

現在、高齢者講習の運転適性検査では視力検査を行いますが、通常の免許の更新とは異なり、動体視力検査、夜間視力検査、視野検査が加わります。動体視力とは動いているものを見る視力で、夜間視力はまわりが暗くなったときの視力です。視野検査は、正面を見て目線を動かさずに左右の見える範囲を調べるものです。

事故が起こりがちな時間を見ると、昼間より20時から翌日の5時までの時間帯に多く発生しています。**視覚の影響を受けやすい夜間の運転はできるだけ避けるほうが賢明**です。

周囲の音が聞こえにくくなったら要注意

聴力は年齢とともに低下し、特に**75歳以上から顕著に表れます**。一般的に高い音（おおむね3千ヘルツ）から徐々に聞き取りにくくなり、片側の耳から始まる場合が多いようです。

たとえば、後方から接近する救急車や消防車など緊急自動車のサイレンに気づくのが遅れがちになるなどの場合は、注意が必要です。

高齢運転者に多い交通事故⑤

注意力の散漫による運転ミス

1秒でも目を離すと何メートル走る？

高齢になると同時に脳内で処理できる情報が限られてくるため、**運転以外の要素に意識がいってしまうことが増えてきます**。実際に自動車を運転していた場合は、たとえわずかな時間でも、相当長い距離を走行してしまいます。

下表をご覧ください。これは、普通自動車で乾燥したアスファルト路面を走行したときに1秒間及び3秒間に走る距離を示したものです。時速40キロメートルでは約11メートル、時速80キロメートルでは約22メートルもの長い距離を走行してしまいます。また、停止距離は、速度の二乗に比例して長くなります。

いわゆる「わき見運転」「漫然運転」「居眠り運転」などの注意力散漫による運転は、重大事故を引き起こす要因となります。とくに**高速道路の運転は、道路環境の単調さや運転操作の少なさから、意識レベルが低下して追突事故を起こしやすくなります**。高齢運転者は誰かに同乗してもらったり、パーキングエリアなどでよりこまめに休憩をとったりするなど、万全を期しましょう。

また、若い頃と比べて体調がすぐれないと感じる日も増えてくるほか、寝ても疲れがとれにくくなります。それにより運転ミスを引き起こす確率も上がるので、思いがけない事故を引き起こすことがないよう、慎重な判断を下す必要があります。

速度別停止距離一覧表

速度＼距離	1秒間に進む距離	3秒間に進む距離（安全な車間距離）	乾燥したアスファルト舗装路における停止距離
10km/h	2.78m	8.34m	2.64m
20km/h	5.56m	16.68m	6.42m
30km/h	8.33m	24.99m	11.31m
40km/h	11.11m	33.33m	17.33m
50km/h	13.89m	41.67m	24.48m
60km/h	16.67m	50.01m	32.75m
70km/h	19.44m	58.32m	42.14m
80km/h	22.22m	66.66m	52.66m
90km/h	25m	75m	64.30m
100km/h	27.78m	83.34m	77.07m

★乾燥したアスファルト舗装路の摩擦係数を0.7、空走時間を0.75秒として計算
★表の各距離は、使用車両のタイヤの摩耗状況や重量、路面状況、運転者の反応速度等により変化します
出典:佐賀県警察ウェブサイトを元に作成

安全運転サポート車（サポカー）の利用は 高齢運転者の新たな選択肢

運転者の安全運転を支援するシステムが搭載された自動車です。

サポートカー限定免許で運転することができるのは、次の安全運転支援装置が搭載された普通自動車（サポートカー）だけです。ただし、後付けの装置については対象となりません。

サポートカー限定免許で安心して運転継続が可能に

サポートカー限定免許制度は、運転に不安を感じる方に対して、運転免許証の自主返納だけでなく、より安全な**サポートカーに限定して運転を継続できるという、新たな選択肢を設ける趣旨の制度**です。

サポートカー限定条件の申請は、運転免許の更新手続と合わせて行うこともできます。申請にあたり、年齢の制限はありません。ご家族の運転に不安を感じている人も、ご本人との免許継続のお話し合いの際の選択肢の一つとして、この制度の利用を検討してみましょう。

サポートカーは先進技術を搭載した自動車

サポートカーは、先進技術を利用して

サポートカーに搭載された装置

衝突被害軽減ブレーキ（対車両、対歩行者）

車載レーダー等により前方の車両や歩行者を検知し、衝突の可能性がある場合には、運転者に対して警報し、さらに衝突の可能性が高い場合には、自動でブレーキが作動する機能

ペダル踏み間違い時加速抑制装置

発進時やごく低速での走行時にブレーキペダルと間違えてアクセルペダルを踏み込んだ場合に、エンジン出力を抑える方法により加速を抑制する機能

サポートカー限定免許を受けるときの注意点

●サポートカー限定条件が付けられる運転免許の種類は、普通免許に限られる。普通免許より上位の大型二種、中型二種、普通二種、大型、中型（8トン限定を含む）、準中型（5トン限定を含む）の運転免許を持っている人は、上位免許を全部取り消す必要がある。

●サポートカー限定条件が付くと、運転できる自動車はサポートカー（普通自動車）のみとなり、それ以外の自動車を運転すると、道路交通法違反となる。

サポートカー限定免許の手続き

★普通免許のみを保有している方で、サポートカー限定条件のみを行う場合

【申請場所】各都道府県の運転免許試験場や警察署など

【手数料】無料。運転免許証を再交付する場合は、再交付手数料がかかる（この場合の手続き場所は運転免許試験場のみ）。

【必要なもの】運転免許証

★詳細は、事前に各都道府県の運転免許試験場などのホームページで確認してください。

第1章

認知機能検査って何？

～検査の概要をわかりやすく解説～

「何のために」
「どんなことを」やるかがわかれば、
検査はこわくない!

70歳以上の人が **免許を更新するときの流れ**を確認しておこう

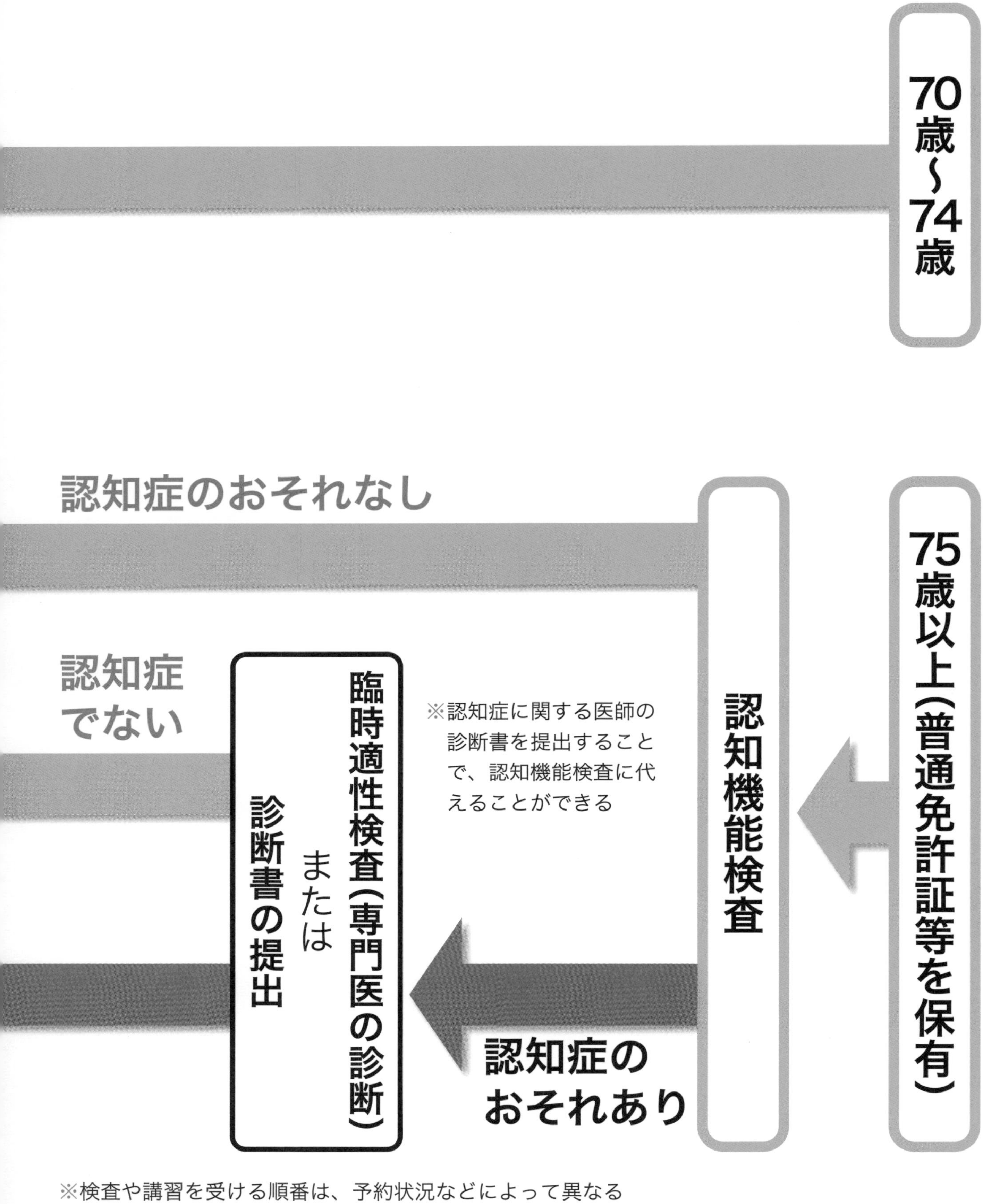

70歳〜74歳

75歳以上(普通免許証等を保有)

認知機能検査

※認知症に関する医師の診断書を提出することで、認知機能検査に代えることができる

認知症のおそれなし

認知症のおそれあり

臨時適性検査(専門医の診断)
または
診断書の提出

認知症でない

※検査や講習を受ける順番は、予約状況などによって異なる

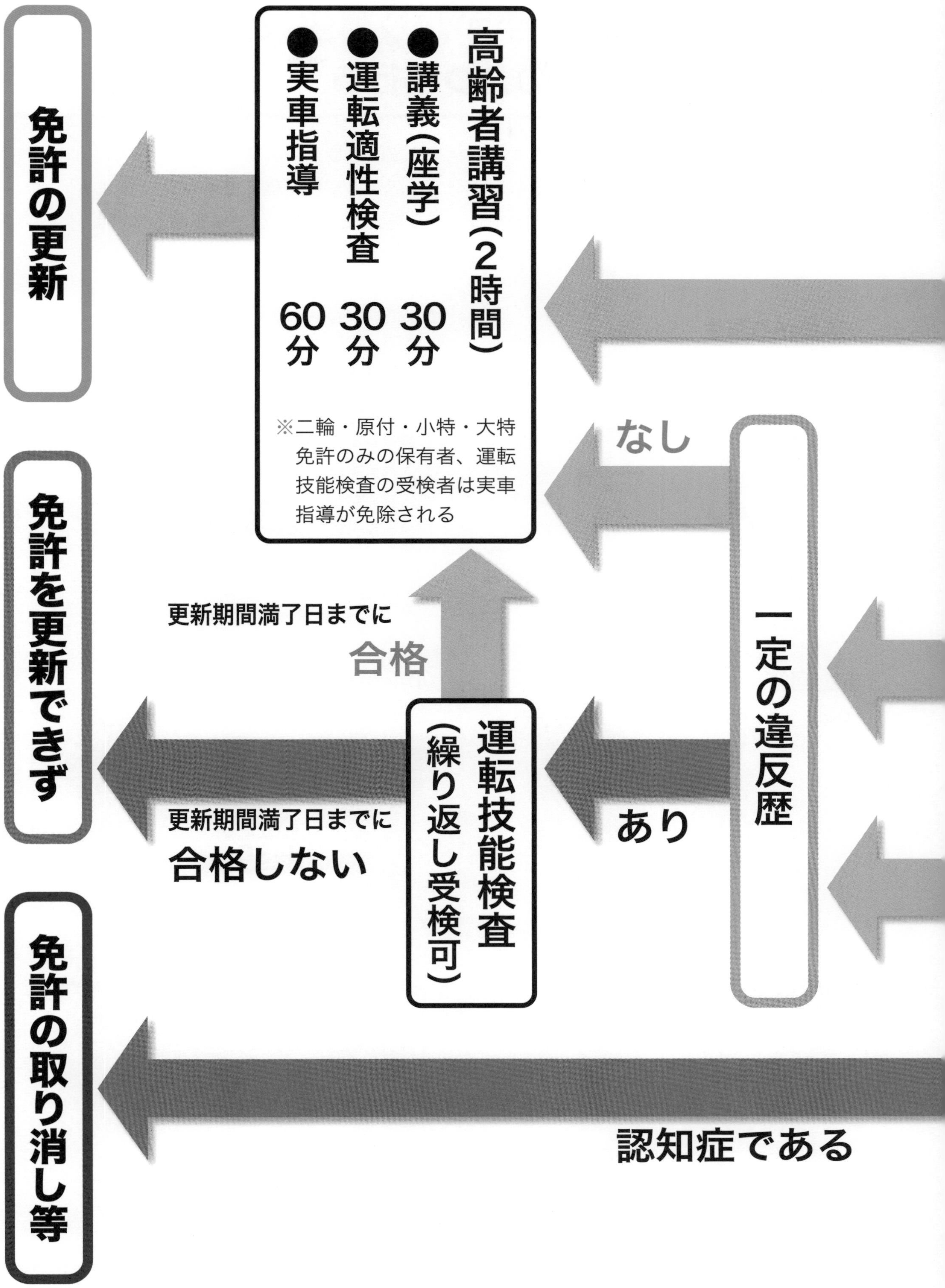

高齢者講習（2時間）

●講義（座学） 30分

●運転適性検査 30分

●実車指導 60分

※二輪・原付・小特・大特免許のみの保有者、運転技能検査の受検者は実車指導が免除される

免許の更新

なし

一定の違反歴

あり

運転技能検査（繰り返し受検可）

更新期間満了日までに合格

更新期間満了日までに合格しない

免許を更新できず

認知症である

免許の取り消し等

認知機能検査は「手がかり再生」と「時間の見当識」の2つを行う

認知機能検査は、75歳以上の高齢ドライバーによる交通事故防止を目的に行われるものです。自分では気づかない認知機能の衰えを検査によって確認し、安全運転につなげていくことを主眼としています。

認知機能検査は、絵を覚えて答える「手がかり再生」と、日時などを答える「時間の見当識」の２つの検査が行われます。

手がかり再生

①イラストの記憶

16のイラストを４回に分けて見て記憶し、あとでその名前を答えます。

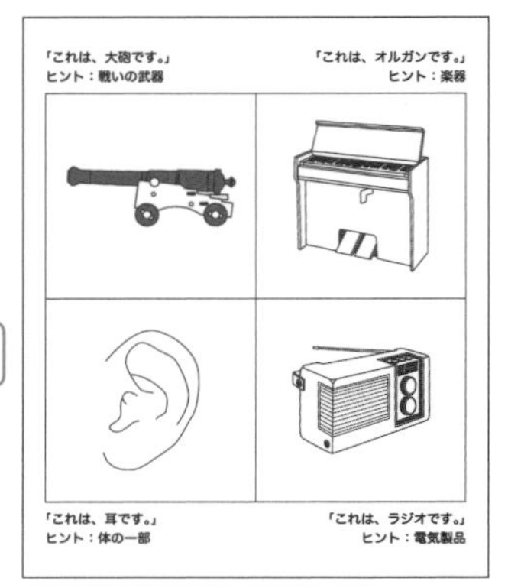

②介入課題

示された数字を、回答用紙に書かれた数字にチェックを入れます。この課題は採点されません。

おおよそ 2分

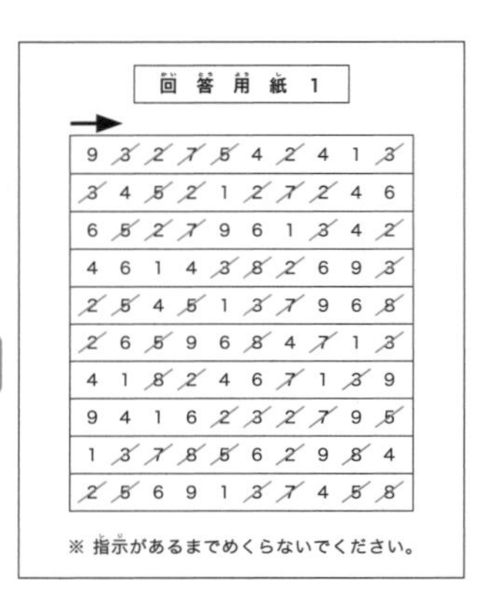

回答用紙 1

→

9	3	2	7	5	4	2	4	1	3
3	4	5	2	1	2	7	2	4	6
6	5	2	7	9	6	1	3	4	2
4	6	1	4	3	8	2	6	9	3
2	5	4	5	1	3	7	9	6	8
2	6	5	9	6	8	4	7	1	3
4	1	8	2	4	6	7	1	3	9
9	4	1	6	2	3	2	7	9	5
1	3	7	8	5	6	2	9	8	4
2	5	6	9	1	3	7	4	5	8

※ 指示があるまでめくらないでください。

③自由回答

①で見たイラストを思い出して、名前を答えます。

回答用紙 2

1. 大砲	9. ものさし
2. オルガン	10. オートバイ
3. 耳	11. ブドウ
4. ラジオ	12. スカート
5. テントウムシ	13. ニワトリ
6. ライオン	14. バラ
7. タケノコ	15. ペンチ
8. フライパン	16. ベッド

※ 指示があるまでめくらないでください。

④手がかり回答

①で見たイラストを思い出して、今度はヒントを参考にして答えます。

おおよそ 3分30秒

回答用紙 3

1. 戦いの武器 大砲	9. 文房具 ものさし
2. 楽器 オルガン	10. 乗り物 オートバイ
3. 体の一部 耳	11. 果物 ブドウ
4. 電気製品 ラジオ	12. 衣類 スカート
5. 昆虫 テントウムシ	13. 鳥 ニワトリ
6. 動物 ライオン	14. 花 バラ
7. 野菜 タケノコ	15. 大工道具 ペンチ
8. 台所用品 フライパン	16. 家具 ベッド

※ 指示があるまでめくらないでください。

時間の見当識

検査が行われる年、月、日、曜日、現在のおおよその時刻を答えます。

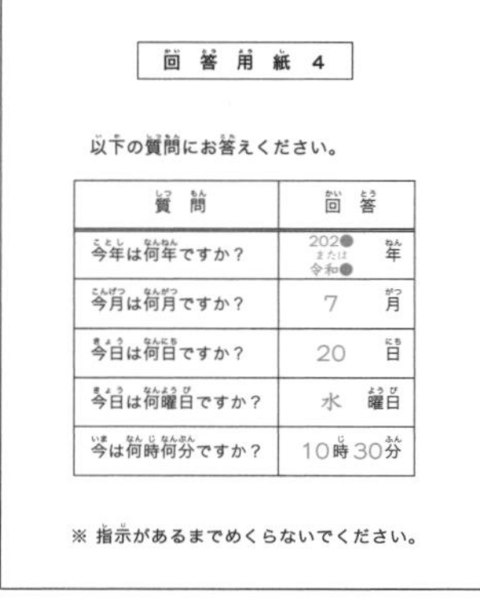

回答用紙 4

以下の質問にお答えください。

質問	回答
今年は何年ですか？	202● または 令和● 年
今月は何月ですか？	7 月
今日は何日ですか？	20 日
今日は何曜日ですか？	水 曜日
今は何時何分ですか？	10時30分

※ 指示があるまでめくらないでください。

検査の前に、「認知機能検査用紙」の表紙に氏名と生年月日を記入します。

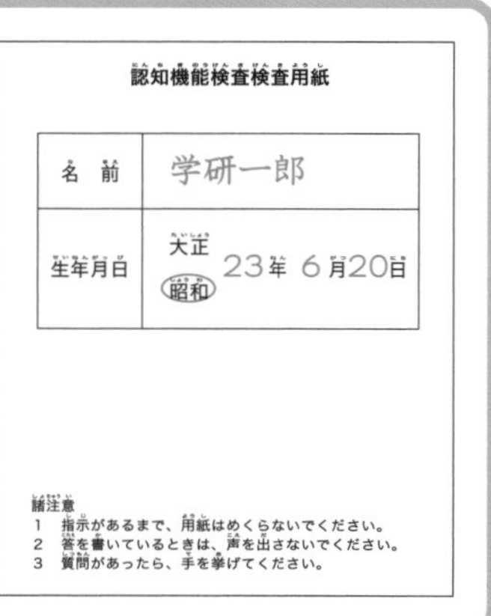

認知機能検査検査用紙

名前	学研一郎
生年月日	大正 ㊐昭和 23年 6月20日

諸注意
1　指示があるまで、用紙はめくらないでください。
2　答を書いているときは、声を出さないでください。
3　質問があったら、手を挙げてください。

一定の違反歴のある人は実際に車を運転する「運転技能検査」が行われる

75歳以上の方が免許を更新するときは認知機能検査を受けなければなりませんが、過去3年間に「一定の違反歴」(下記の11種類の違反)がある方は、運転技能検査を受ける必要があります。

受検の対象となるのは、免許証の有効期間が満了となる日の直前の誕生日の160日前の日から3年間に大型自動車、中型自動車、準中型自動車、普通自転車を運転して「一定の違反歴」のある方です。

「一定の違反歴」の内容

1	**信号無視**(赤信号を無視するなど)
2	**通行区分違反**(逆走、歩道を通行するなど)
3	**通行帯違反等**(理由なく追い越し車線を走り続けるなど)
4	**速度超過**(制限速度をオーバーする)
5	**横断等禁止違反**(転回禁止場所で転回するなど)
6	**踏切不停止等・遮断踏切立入り**(踏切の直前で停止しないなど)
7	**交差点右左折方法違反等**(交差点で左折するときに大回りするなど)
8	**交差点安全進行義務違反等**(交差点で直進車を妨害して先に右折するなど)
9	**横断歩行者等妨害等**(歩行者が横断歩道を通行中、一時停止しないで通行するなど)
10	**安全運転義務違反**(周囲の安全に注意せずに運転するなど)
11	**携帯電話使用等**(運転中に携帯電話で通話するなど)

▢ 運転技能検査（実車試験）の内容

検査を受ける期間	免許証満了日の6か月前から満了日まで	
検査の内容	指定教習所などの検査コースを普通自動車で約20分間走行し、課題を通過する	
合格基準	100点満点からの減点方式で採点し、第二種免許の保有者は80点以上、その他の方は70点以上で合格 ※検査手数料は、検査を行う教習所などによって異なります。事前に確認してください。	
検査の課題と減点数	**検査の課題**	**減点数**
	1　指定速度による走行（指示された速度で安全に走行できるか）	−10点
	2　一時停止（一時停止が指定された交差点で、停止線の手前で確実に停止できるか）	−10/−20点
	3　右折・左折（右左折時に安全に曲がることができるか）	−20/−40点
	4　信号通過（赤信号に従って停止線の手前で確実に停止できるか）	−10/−40点
	5　段差乗り上げ（段差に乗り上げたあと、ただちにアクセルペダルからブレーキペダルに踏みかえて安全に停止できるか）	−20点
	6　その他（検査中、検査員が危険を避けるため補助ブレーキを踏むなどをした場合は減点される）	−30点

70歳以上の人が免許を更新するときは高齢者講習を受ける

70歳以上の方が免許を更新するときは、高齢者講習を受けなければなりません。
講習は、講義、運転適性検査器材による指導、実車による指導が行われます。

普通自動車対応の免許所有者の高齢者講習の内容

	講習方法・時間	講習科目	講習細目
1	講義（座学） 30分	道路交通の現状と交通事故の実態	(1) 地域における交通事故情勢 (2) 高齢者の交通事故の実態 (3) 高齢者支援制度等の紹介
		運転者の心構えと義務	(1) 安全運転の基本 (2) 交通事故の悲惨さ (3) シートベルト等の着用
		安全運転の知識	(1) 高齢者の特性を踏まえた運転方法 (2) 危険予測と回避方法等 (3) 改正された道路交通法令
2	運転適性検査器材による指導 30分	運転適性についての指導①	運転適性検査器材を使用した指導
3	実車による指導 60分	運転適性についての指導②	(1) 事前説明 (2) ならし走行 (3) 課題 (4) 安全指導

免許の更新以外でも違反があると 臨時認知機能検査を受ける

75歳以上の方が、免許更新時以外に認知機能の衰えが原因のおそれがある18種類の違反行為のいずれかを行った場合は、臨時認知機能検査を受けなければなりません。

「18種類の違反行為」の内容

1	信号無視
2	通行禁止違反
3	通行区分違反
4	横断等禁止違反
5	進路変更禁止違反
6	遮断踏切立入り等
7	交差点右左折方法違反
8	指定通行区分違反
9	環状交差点左折等方法違反
10	優先道路通行車妨害等
11	交差点優先車妨害
12	環状交差点通行車妨害等
13	横断歩道等における横断歩行者等妨害
14	横断歩道のない交差点における横断歩行者妨害
15	徐行場所違反
16	指定場所一時不停止等
17	合図不履行
18	安全運転義務違反

臨時高齢者講習

臨時認知機能検査を受けた方で、「認知症のおそれあり」の判定が出た場合は、臨時適性検査を受けるか医師の診断書を提出しなければなりません。

検査や診断の結果、「認知症ではない」とされた方で、前回受けた検査より結果が悪くなっている場合は臨時高齢者講習を受ける必要があります。

臨時認知機能検査・臨時高齢者講習の流れ

18種類の違反（前ページ参照）のいずれか

「臨時認知機能検査通知書」が送付される
（通知を受けた日から１か月以内に受検する）

「認知症のおそれなし」と判定された方（36点以上の方）

「認知症のおそれあり」と判定された方（36点未満の方）

前回受けた結果より悪くなっている方

だが…

認知症にあらず

臨時適性検査
（専門医の診断）の受検、または医師の診断書を提出する（通知書が送付される）

「臨時高齢者講習通知書」が送付される（通知を受けた日から１か月以内に受講する）

認知症と診断

前回受けた結果と変わらない方

免許証の継続

免許証の取消・停止

運転しないことを決断したときは
免許証を自主返納する選択肢もある

加齢による身体の衰えや認知機能の低下などから、自動車の運転に不安を抱く方やそのご家族もいると思います。また、運転免許を持っていても、自動車の運転をしていない「ペーパードライバー」の方もいることでしょう。

そのような方は、持っている免許を自主的に全部または一部を返納することができます。運転免許証を本人確認の手段として利用されていた方も多いと思いますが、返納後に「運転経歴証明書」の交付を受ければ、本人確認に使用することができます。

さらに、運転経歴証明書の発行で、さまざまな特典が受けられます。その内容は自治体によって異なりますが、商品券の贈呈やタクシー運賃の割引、施設利用の優待券など、じつにさまざまです。

運転免許証の自主返納の方法

申請場所	各都道府県の運転免許試験場（運転免許センター）、または一部の警察署
申請に必要なもの	**運転経歴証明書の交付を希望しない方** ●運転免許証 **手数料は無料**
	運転経歴証明書の交付を希望する方 ●運転免許証 **交付手数料は1,100円** ●申請用写真１枚 （タテ３㎝×ヨコ2.4㎝、無帽、正面、上三分身、無背景、申請前６か月以内に撮影したもの。カラー・白黒は問わない） ●運転経歴証明書交付申請書 （用紙は申請する場所にある）

＊都道府県によっては、印鑑が必要な場合があります。
＊代理人による申請の場合は、委任状が必要です。
＊その他、詳細はお住まいの地域の警察ホームページで確認してください。

第2章

これで万全！「認知機能検査」をリアル体験

～実際の検査の内容を具体的に紹介～

それぞれの検査形式と
対策のポイントを、
出題例を踏まえて徹底解説！

認知機能検査の方式は「紙」と「タブレット」の2通りがある

令和４年５月12日までの認知機能検査は、紙の問題用紙と回答用紙を配布し、各自回答用紙に答えを書き込む方式で行われてきました。しかし、検査時間の短縮や採点の効率化を図るなどのため、令和４年５月13日からタブレット端末を使用した検査方式が導入されました。

とはいえ、紙による方式がなくなったわけではありません。今後は、タブレット端末を使用する方式に切り替えていく予定ですが、どちらの方式で行うのかは、都道府県や検査会場によって異なります。検査を受ける会場の方式を事前に確認してから臨みましょう。

紙の問題用紙・回答用紙を使用する方式

着席後、検査員から口頭で検査の説明や指示があります。紙の問題用紙と回答用紙が配布され、回答用紙に書き込んで回答します。手がかり再生のイラストは前方に表示され、時間になったら回答用紙に書き込みます。検査が終了したら、検査員が用紙を回収します。

タブレット端末を使用する方式

検査を行う机の上にそれぞれタブレット端末が置かれています。着席したら、付属のヘッドフォンと画面から検査の指示がありますので、タッチペンでタブレット端末に書き込んで回答します。採点は自動で行われ、紙の場合と比べて時間が短くなります。

検査の前に、まず 認知機能検査検査用紙（表紙）に記入する

検査に入る前に、「認知機能検査検査用紙」の表紙に記入します。
記入するのは、ご自身の氏名と生年月日です。

検査用紙の表紙への記入例

記入時間 おおよそ **1分30秒**

認知機能検査検査用紙

名前	学研一郎
生年月日	大正 / 昭和（○）　23年　6月20日

ご自身の生年月日を記入します。元号には○をつけてください。

諸注意
1　指示があるまで、用紙はめくらないでください。
2　答を書いているときは、声を出さないでください。
3　質問があったら、手を挙げてください。

紙の場合　用紙が配られ書き込みます

タブレットの場合　画面に表示されタッチペンで書き込みます

検査1
手がかり再生

この検査は、16個のイラストを４個ずつ見て、後でその名前を答えるものです。イラストを見て答える間に、指定された数字をチェックする「介入課題」があります。**【❶イラストの記憶】➡【❷介入課題】➡【❸自由回答】➡【❹手がかり回答】**という順番で行います。

❶イラストの記憶

紙の場合　検査員が口頭で指示します

タブレットの場合　ヘッドフォンの音声で指示します

これから、いくつかの絵を見せますので、
こちらを見ておいてください。
一度に４つの絵を見せます。
それが何度か続きます。
あとで、何の絵があったかを
すべて、答えていただきます。
よく覚えてください。
絵を覚えるためのヒントも出します。
ヒントを手がかりに
覚えるようにしてください。

アドバイス

検査全体では36点が合格点。次の『時間の見当識』検査の得点を考えると、この手がかり再生では４～５問程度覚えていれば不合格にはなりません。リラックスして臨みましょう。

❶イラストの記憶

1枚目

紙の場合 前方に示されます

タブレットの場合 画面に表示されます

「これは、大砲です。」
ヒント：戦いの武器

「これは、オルガンです。」
ヒント：楽器

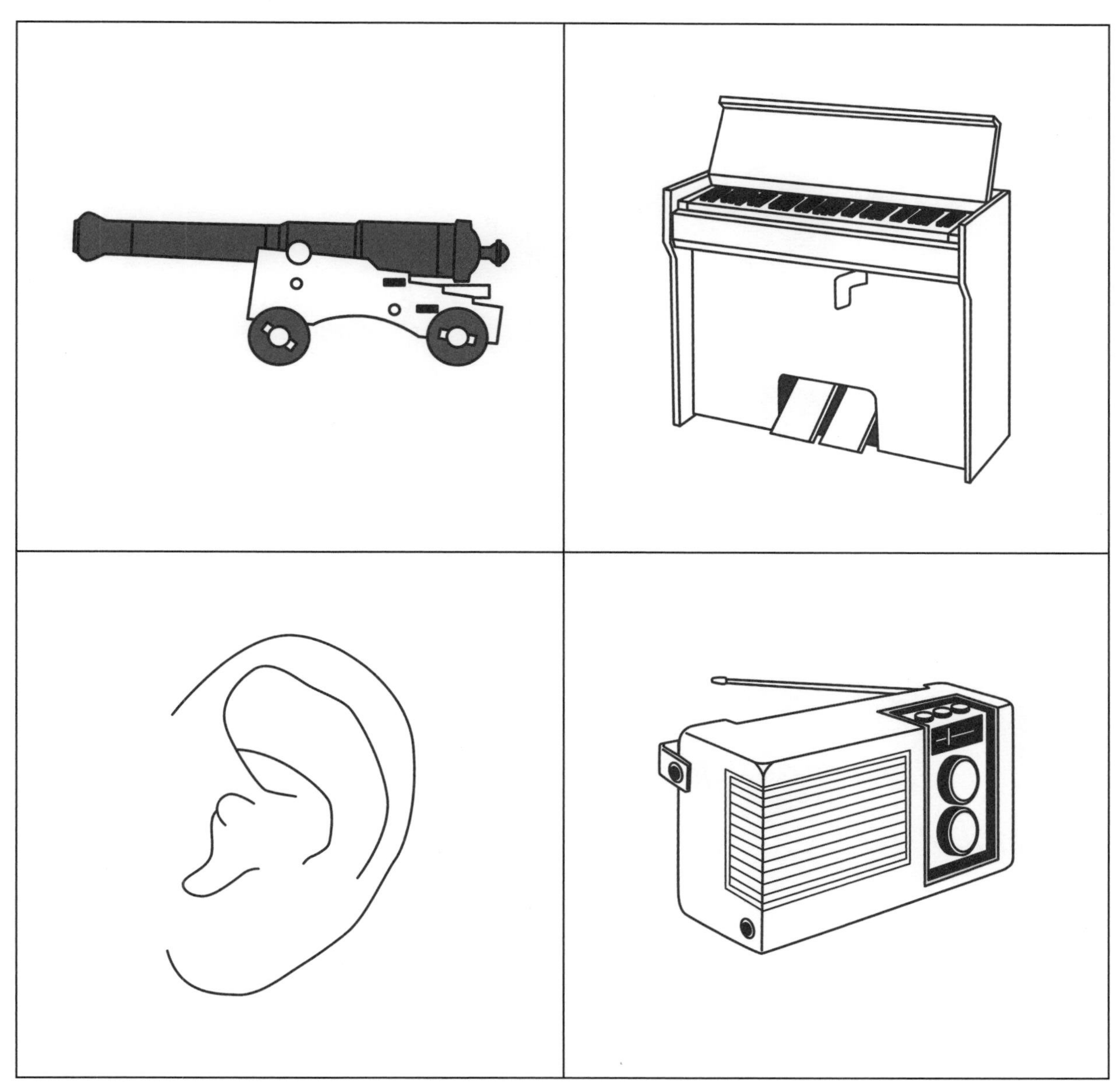

「これは、耳です。」
ヒント：体の一部

「これは、ラジオです。」
ヒント：電気製品

❶イラストの記憶

2枚目

紙の場合 前方に示されます

タブレットの場合 画面に表示されます

「これは、テントウムシです。」
ヒント：昆虫

「これは、ライオンです。」
ヒント：動物

「これは、タケノコです。」
ヒント：野菜

「これは、フライパンです。」
ヒント：台所用品

❶イラストの記憶

3枚目

紙の場合 前方に示されます

タブレットの場合 画面に表示されます

「これは、ものさしです。」
ヒント：文房具

「これは、オートバイです。」
ヒント：乗り物

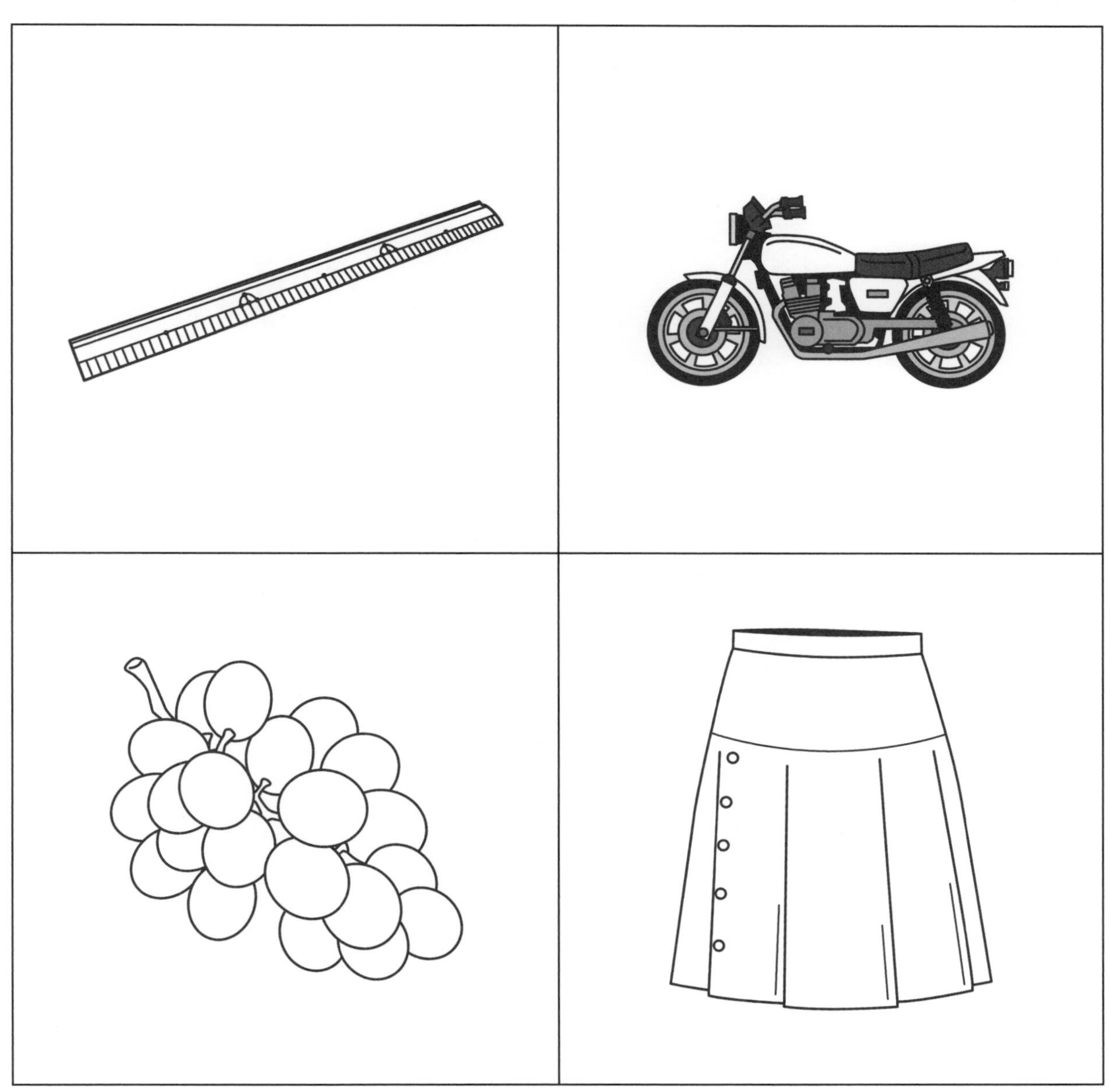

「これは、ブドウです。」
ヒント：果物

「これは、スカートです。」
ヒント：衣類

❶イラストの記憶

4枚目

紙の場合 前方に示されます

タブレットの場合 画面に表示されます

「これは、ニワトリです。」
ヒント：鳥

「これは、バラです。」
ヒント：花

「これは、ペンチです。」
ヒント：大工道具

「これは、ベッドです。」
ヒント：家具

指示された数字に斜線を引きます。数字の指定は２回あり、それぞれ30秒で記入します。なお、**この課題は採点されません。**

紙の場合 用紙をめくります

タブレットの場合 画面に表示されます

【問題用紙】

問題用紙 1

これから、たくさん数字が書かれた表が出ますので、私が指示をした数字に斜線を引いてもらいます。

例えば、「１と４」に斜線を引いてくださいと言ったときは、

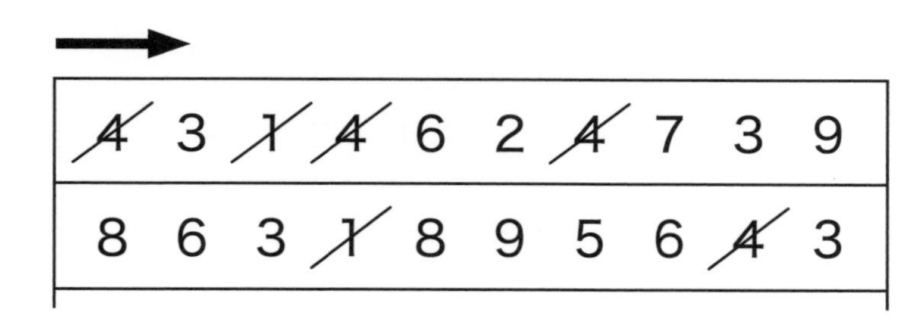

4	3	1	4	6	2	4	7	3	9
8	6	3	1	8	9	5	6	4	3

と例示のように順番に、見つけただけ斜線を引いてください。

※ 指示があるまでめくらないでください。

アドバイス 採点されない課題です。気分転換のつもりで取り組みましょう。

❷介入課題

【回答用紙】

用紙をめくり書き込みます

画面に表示されタッチペンで書き込みます

1回目　「2と7に斜線を引いてください。」
2回目　「3と5と8に斜線を引いてください。」

回答用紙　1

→

9	3	2	7	5	4	2	4	1	3
3	4	5	2	1	2	7	2	4	6
6	5	2	7	9	6	1	3	4	2
4	6	1	4	3	8	2	6	9	3
2	5	4	5	1	3	7	9	6	8
2	6	5	9	6	8	4	7	1	3
4	1	8	2	4	6	7	1	3	9
9	4	1	6	2	3	2	7	9	5
1	3	7	8	5	6	2	9	8	4
2	5	6	9	1	3	7	4	5	8

※ 指示があるまでめくらないでください。

❷介入課題

【回答例(正答)】

ご自身の回答と
見比べてみてください。

回答用紙 1

→

9	3	2	7	5	4	2	4	1	3
3	4	5	2	1	2	7	2	4	6
6	5	2	7	9	6	1	3	4	2
4	6	1	4	3	8	2	6	9	3
2	5	4	5	1	3	7	9	6	8
2	6	5	9	6	8	4	7	1	3
4	1	8	2	4	6	7	1	3	9
9	4	1	6	2	3	2	7	9	5
1	3	7	8	5	6	2	9	8	4
2	5	6	9	1	3	7	4	5	8

※ 指示があるまでめくらないでください。

③自由回答

前に見た**16個のイラストの名前**を答える検査です。

紙の場合 用紙をめくります

タブレットの場合 画面に表示されます

【問題用紙】

問題用紙　2

少し前に、何枚かの絵をお見せしました。

何が描かれていたのかを思い出して、できるだけ全部書いてください。

※ 指示があるまでめくらないでください。

アドバイス 普段なじみのないものの名前ほど忘れがち。本書で予習しておきましょう。

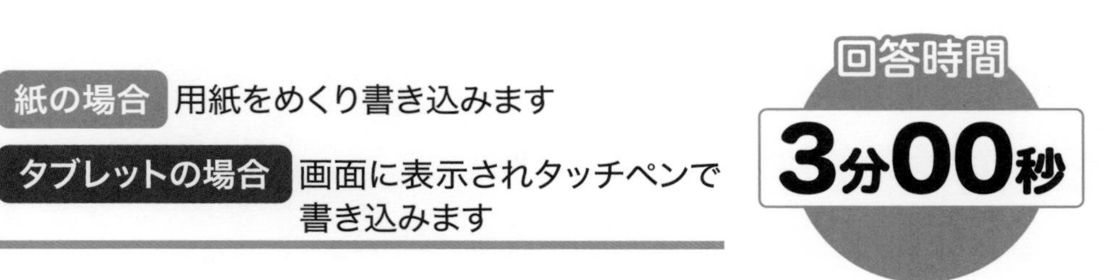

回答用紙 2

1.	9.
2.	10.
3.	11.
4.	12.
5.	13.
6.	14.
7.	15.
8.	16.

※ 指示があるまでめくらないでください。

※回答の順番は問いません。思い出した順で結構です。
※「漢字」でも「カタカナ」でも「ひらがな」でもかまいません。
※書き損じた場合は、二重線で訂正してください。

❸自由回答

【回答例(正答)】

イラストを見た順番でなくても正しい
名称が書かれていれば正答です。
【例】2.に大砲と書いても正解

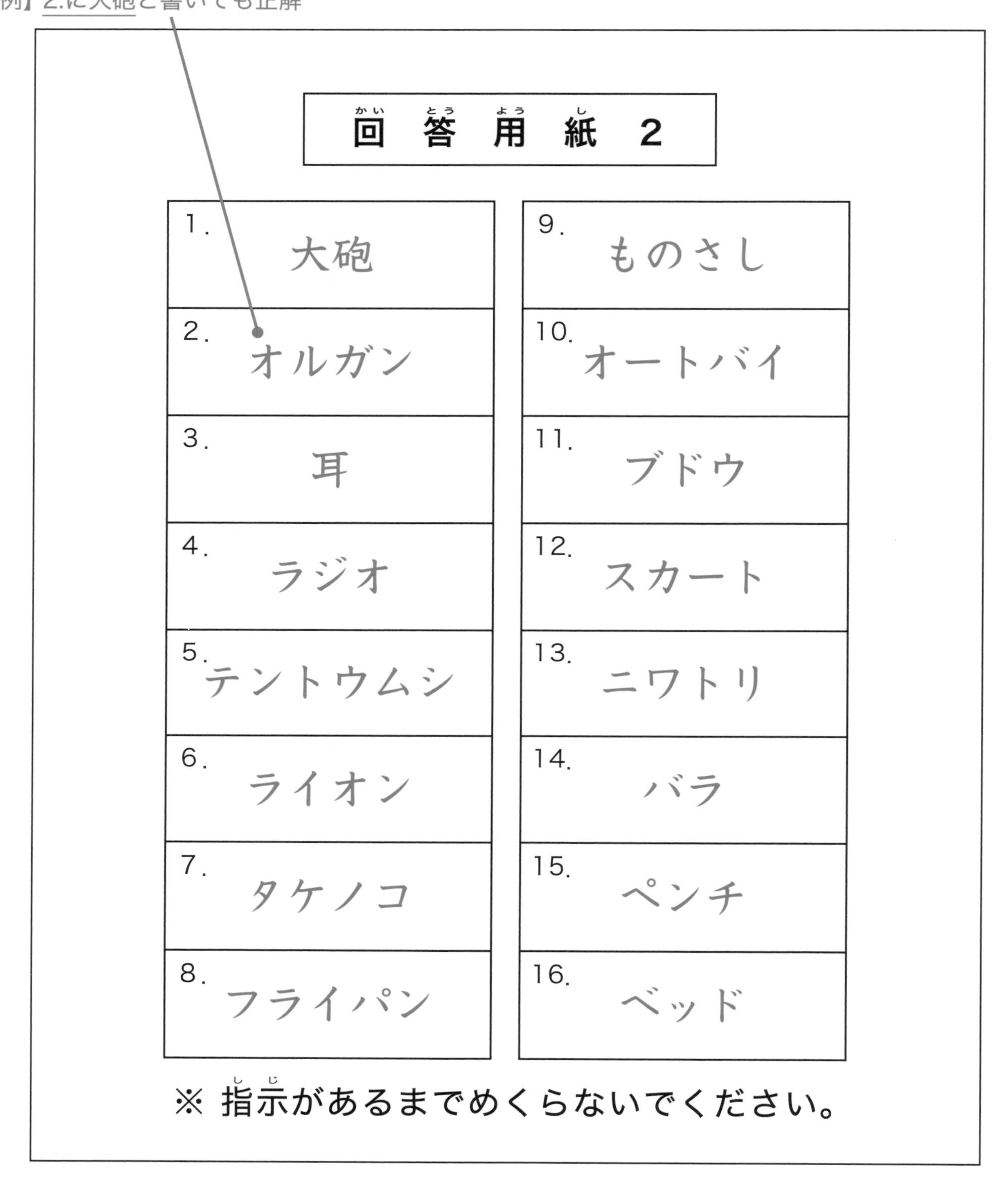
回答用紙　2

1. 大砲	9. ものさし
2. オルガン	10. オートバイ
3. 耳	11. ブドウ
4. ラジオ	12. スカート
5. テントウムシ	13. ニワトリ
6. ライオン	14. バラ
7. タケノコ	15. ペンチ
8. フライパン	16. ベッド

※ 指示があるまでめくらないでください。

④手がかり回答

前に見たイラストの名前を、**ヒントを手がかりに**答える検査です。

【問題用紙】

紙の場合 用紙をめくり書き込みます

タブレットの場合 画面に表示されタッチペンで書き込みます

問題用紙 3

今度は、回答用紙にヒントが書いてあります。

それを手がかりに、もう一度、何が描かれていたのかを思い出して、できるだけ全部書いてください。

※ 指示があるまでめくらないでください。

アドバイス 正確に思い出せなくても気にし過ぎず、回答欄を埋めることを優先します。

❹手がかり回答

【回答用紙】

回答用紙 3

1. 戦いの武器	9. 文房具
2. 楽器	10. 乗り物
3. 体の一部	11. 果物
4. 電気製品	12. 衣類
5. 昆虫	13. 鳥
6. 動物	14. 花
7. 野菜	15. 大工道具
8. 台所用品	16. 家具

※ 指示があるまでめくらないでください。

※それぞれのヒントに対して回答は1つだけです。2つ以上は書かないでください。
※「漢字」でも「カタカナ」でも「ひらがな」でもかまいません。
※書き損じた場合は、二重線で訂正してください。

❹手がかり回答

【回答例(正答)】

ヒントに対応した答えでなくても正しい名称が書かれていれば正答です。
【例】2.楽器に大砲と書いても正解

回答用紙 3

1. 戦いの武器 大砲	9. 文房具 ものさし
2. 楽器 オルガン	10. 乗り物 オートバイ
3. 体の一部 耳	11. 果物 ブドウ
4. 電気製品 ラジオ	12. 衣類 スカート
5. 昆虫 テントウムシ	13. 鳥 ニワトリ
6. 動物 ライオン	14. 花 バラ
7. 野菜 タケノコ	15. 大工道具 ペンチ
8. 台所用品 フライパン	16. 家具 ベッド

※ 指示があるまでめくらないでください。

イラスト４点（ひとつの囲み）を 1分00秒 で覚える

手がかり再生のイラストパターンです。この検査では16個のイラストが使用されますが、A～Dのいずれかのパターンでしか出題されません。１分×４組の制限時間を繰り返し体感しながら64個のイラストを覚えることで、余裕をもって本番に臨めるはずです。

イラストパターンA

1 大砲
ヒント：戦いの武器

2 オルガン
ヒント：楽器

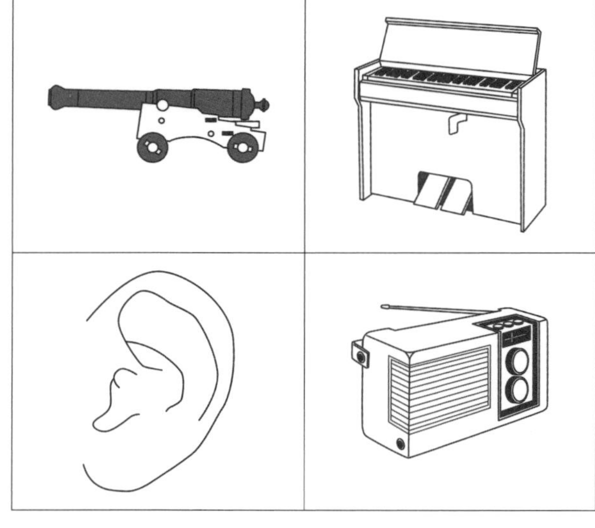

3 耳
ヒント：体の一部

4 ラジオ
ヒント：電気製品

5 テントウムシ
ヒント：昆虫

6 ライオン
ヒント：動物

7 タケノコ
ヒント：野菜

8 フライパン
ヒント：台所用品

9 ものさし
ヒント：文房具

10 オートバイ
ヒント：乗り物

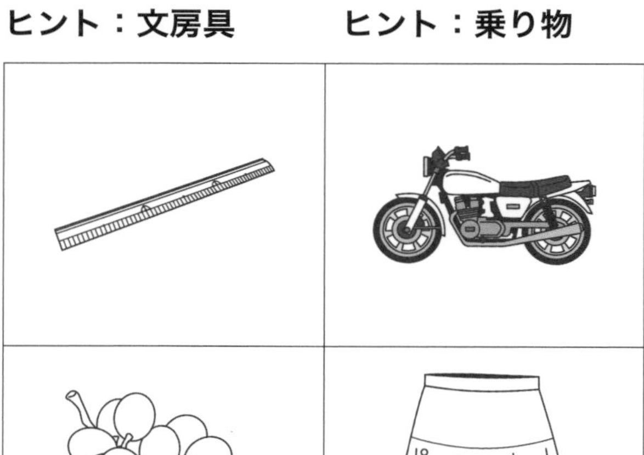

11 ブドウ
ヒント：果物

12 スカート
ヒント：衣類

13 ニワトリ
ヒント：鳥

14 バラ
ヒント：花

15 ペンチ
ヒント：大工道具

16 ベッド
ヒント：家具

P60の脳トレ&イラストパターンの暗記を週3日以上、1か月続けて認知機能UP!

イラストパターンB

1 戦車
ヒント：戦いの武器

2 太鼓
ヒント：楽器

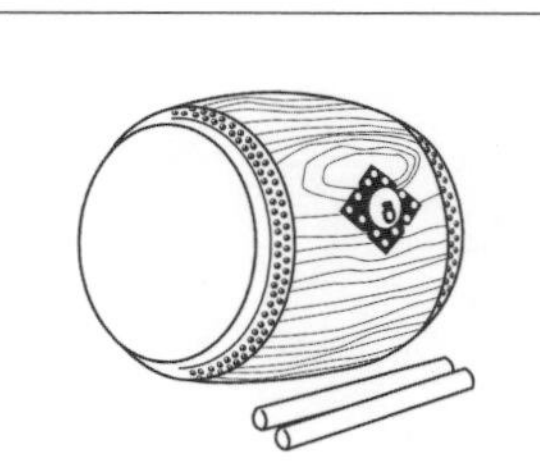

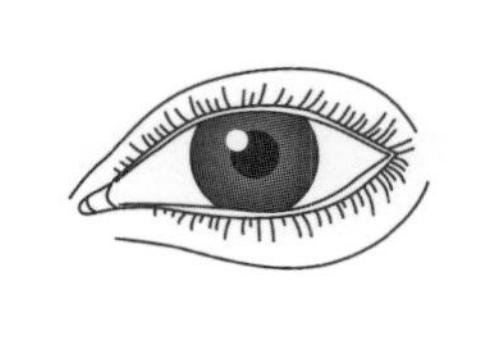

3 目
ヒント：体の一部

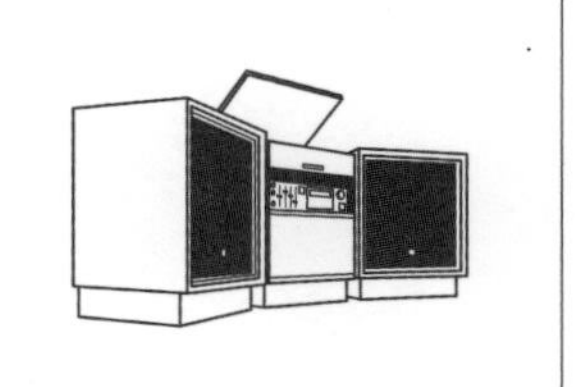

4 ステレオ
ヒント：電気製品

5 トンボ
ヒント：昆虫

6 ウサギ
ヒント：動物

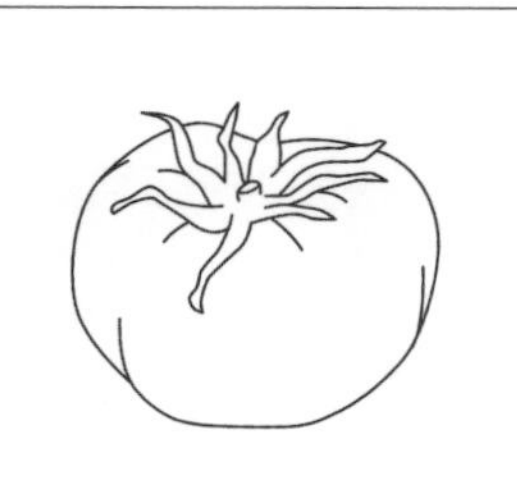

7 トマト
ヒント：野菜

8 やかん
ヒント：台所用品

9 万年筆
ヒント：文房具

10 飛行機
ヒント：乗り物

11 レモン
ヒント：果物

12 コート
ヒント：衣類

13 ペンギン
ヒント：鳥

14 ユリ
ヒント：花

15 かなづち
ヒント：大工道具

16 机
ヒント：家具

イラストパターンC

1 機関銃
ヒント：戦いの武器

2 琴
ヒント：楽器

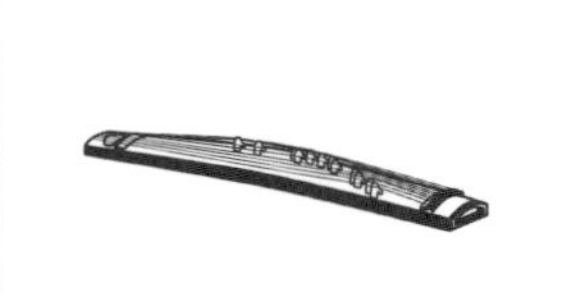

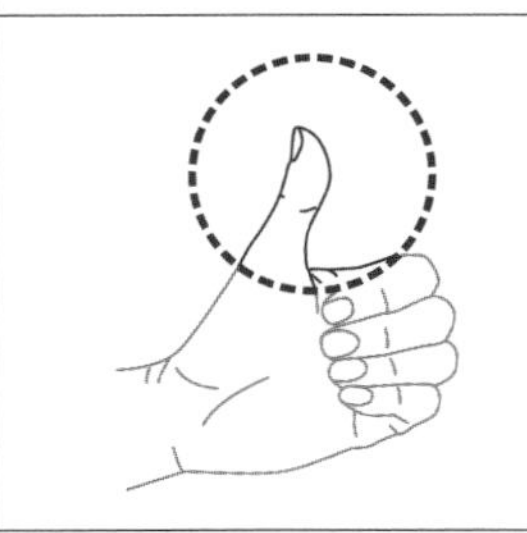

3 親指
ヒント：体の一部

4 電子レンジ
ヒント：電気製品

5 セミ
ヒント：昆虫

6 ウシ
ヒント：動物

7 トウモロコシ
ヒント：野菜

8 鍋
ヒント：台所用品

9 はさみ
ヒント：文房具

10 トラック
ヒント：乗り物

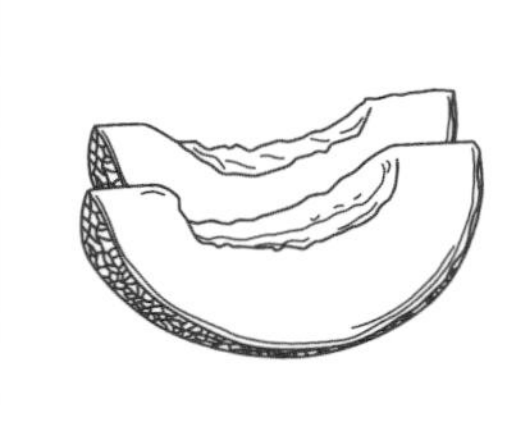

11 メロン
ヒント：果物

12 ドレス
ヒント：衣類

13 クジャク
ヒント：鳥

14 チューリップ
ヒント：花

15 ドライバー
ヒント：大工道具

16 椅子
ヒント：家具

イラストパターンD

1 刀
ヒント：戦いの武器

2 アコーディオン
ヒント：楽器

5 カブトムシ
ヒント：昆虫

6 馬
ヒント：動物

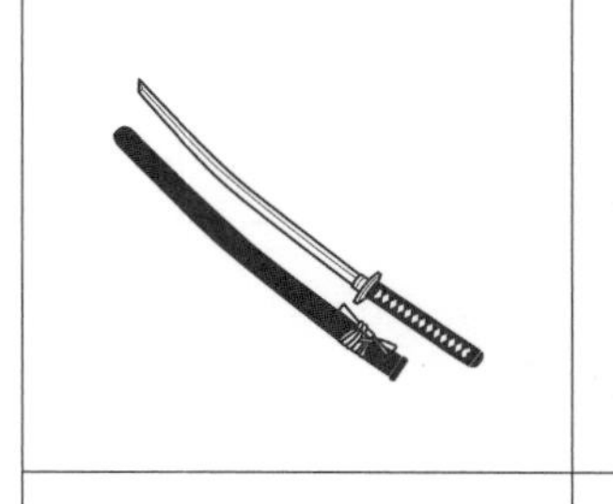

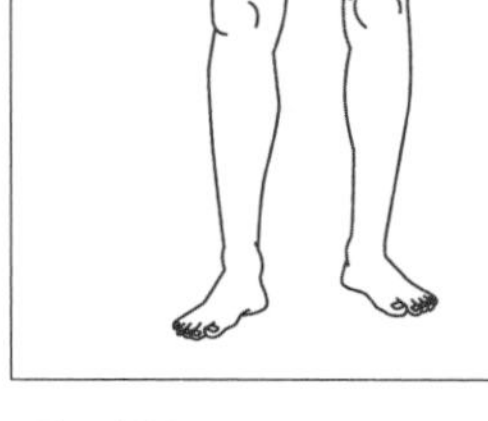

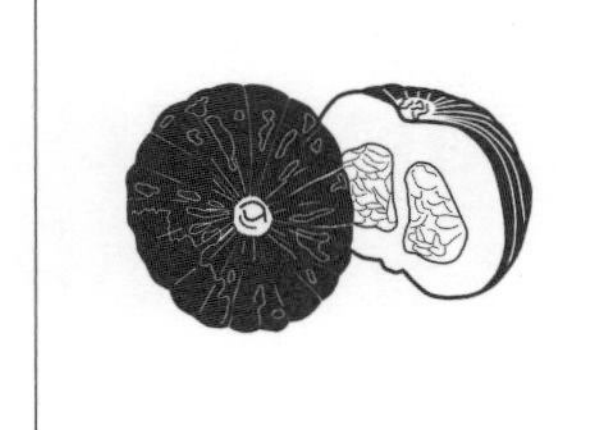

3 足
ヒント：体の一部

4 テレビ
ヒント：電気製品

7 カボチャ
ヒント：野菜

8 包丁
ヒント：台所用品

9 筆
ヒント：文房具

10 ヘリコプター
ヒント：乗り物

13 スズメ
ヒント：鳥

14 ヒマワリ
ヒント：花

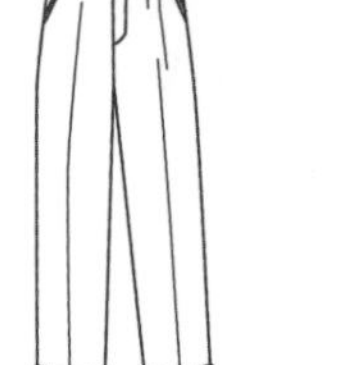
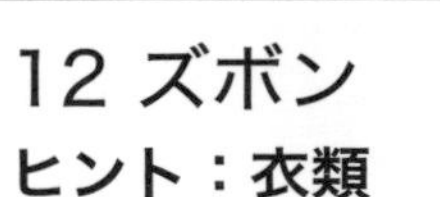
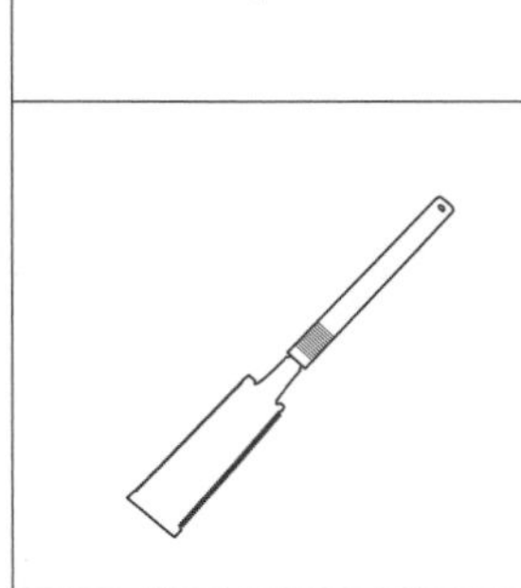
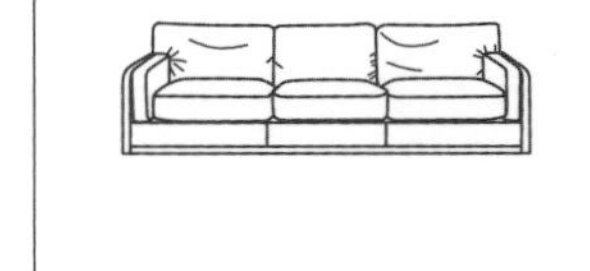

11 パイナップル
ヒント：果物

12 ズボン
ヒント：衣類

15 ノコギリ
ヒント：大工道具

16 ソファー
ヒント：家具

検査2
時間の見当識

検査を受ける**年**、**月**、**日**、**曜日**、**現在の時刻**を答えるものです。

紙の場合 用紙をめくります

タブレットの場合 画面に表示されます

問題用紙 4

この検査には、5つの質問があります。

左側に質問が書いてありますので、それぞれの質問に対する答を右側の回答欄に記入してください。

答が分からない場合には、自信がなくても良いので思ったとおりに記入してください。空欄とならないようにしてください。

※ 指示があるまでめくらないでください。

アドバイス

この検査が始まる直前まで、腕時計やスマホなどで日時を確認しておきましょう。

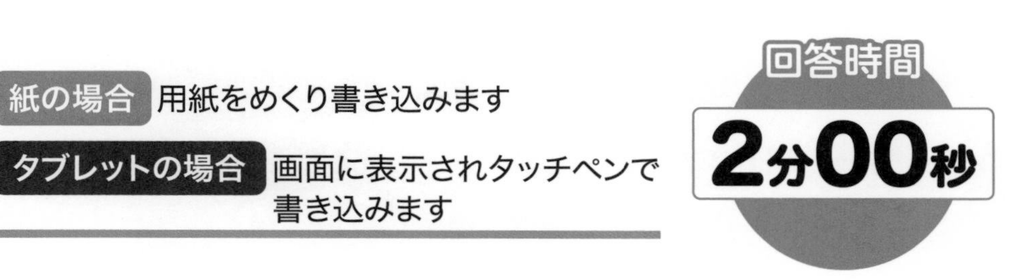

回答用紙 4

以下の質問にお答えください。

質問	回答
今年は何年ですか？	年
今月は何月ですか？	月
今日は何日ですか？	日
今日は何曜日ですか？	曜日
今は何時何分ですか？	時　　分

※ 指示があるまでめくらないでください。

※「年」は、西暦（2023年など）で書いても、和暦（令和5年など）で書いてもかまいません。
※「時間」はおおよそで書いてください。

●時間の見当識

【回答例(正答)】

紙の場合 検査用紙に書き込みます

タブレットの場合 タッチペンで画面に書き込みます

「202●年(令和●年)7月20日、水曜日、10時30分」の場合の正答例です。

回答用紙 4

以下の質問にお答えください。

質問	回答
今年は何年ですか?	202● または 令和● 年
今月は何月ですか?	7 月
今日は何日ですか?	20 日
今日は何曜日ですか?	水 曜日
今は何時何分ですか?	10時30分

※ 指示があるまでめくらないでください。

時/分は、今の時刻の前後29分以内であれば正答とします。

「手がかり再生」の 採点方法と配点を確認しよう

手がかり再生には、「自由回答」と「手がかり回答」がありました。まず、「自由回答」を採点します。正答の場合は２点です。次に、「手がかり回答」を採点しますが、「自由回答」で正答したイラストはカウントせずに、「手がかり回答」だけ正答したものを１点とします。つまり、どちらも正答した場合でも配点は２点です。

手がかり再生の最大得点は、16個×２点の32点です（100点満点で計算するため、後で指数2.499をかけます）。

採点例

自由回答（回答用紙２）

回答用紙　２

1. 大砲	9. ものさし
2. オルガン	10. オートバイ
3. 耳	11. ブドウ
4. ラジオ	12. スカート
5. テントウムシ	13. ニワトリ
6. ライオン	14. バラ
7. タケノコ	15. ペンチ
8. フライパン	16. ベッド

※ 指示があるまでめくらないでください。

手がかり回答（回答用紙３）

回答用紙　３

1. 戦いの武器 大砲	9. 文房具 ものさし
2. 楽器 オルガン	10. 乗り物 オートバイ
3. 体の一部 耳	11. 果物 ブドウ
4. 電気製品 ラジオ	12. 衣類 スカート
5. 昆虫 テントウムシ	13. 鳥 ニワトリ
6. 動物 ライオン	14. 花 バラ
7. 野菜 タケノコ	15. 大工道具 ペンチ
8. 台所用品 フライパン	16. 家具 ベッド

※ 指示があるまでめくらないでください。

こちらが正答の場合は各２点

こちらだけ正答の場合は各１点

どちらも正答の場合も各２点

最大得点はイラスト 16 個×２点＝32点

「時間の見当識」の
採点方法と配点を確認しよう

時間の見当識は、それぞれ配点が異なります。すべて正答の場合は15点となります（100点満点で計算するため、後で指数1.336をかけます）。

採点例

「202●年（令和●年）7月20日、水曜日、10時30分」の場合

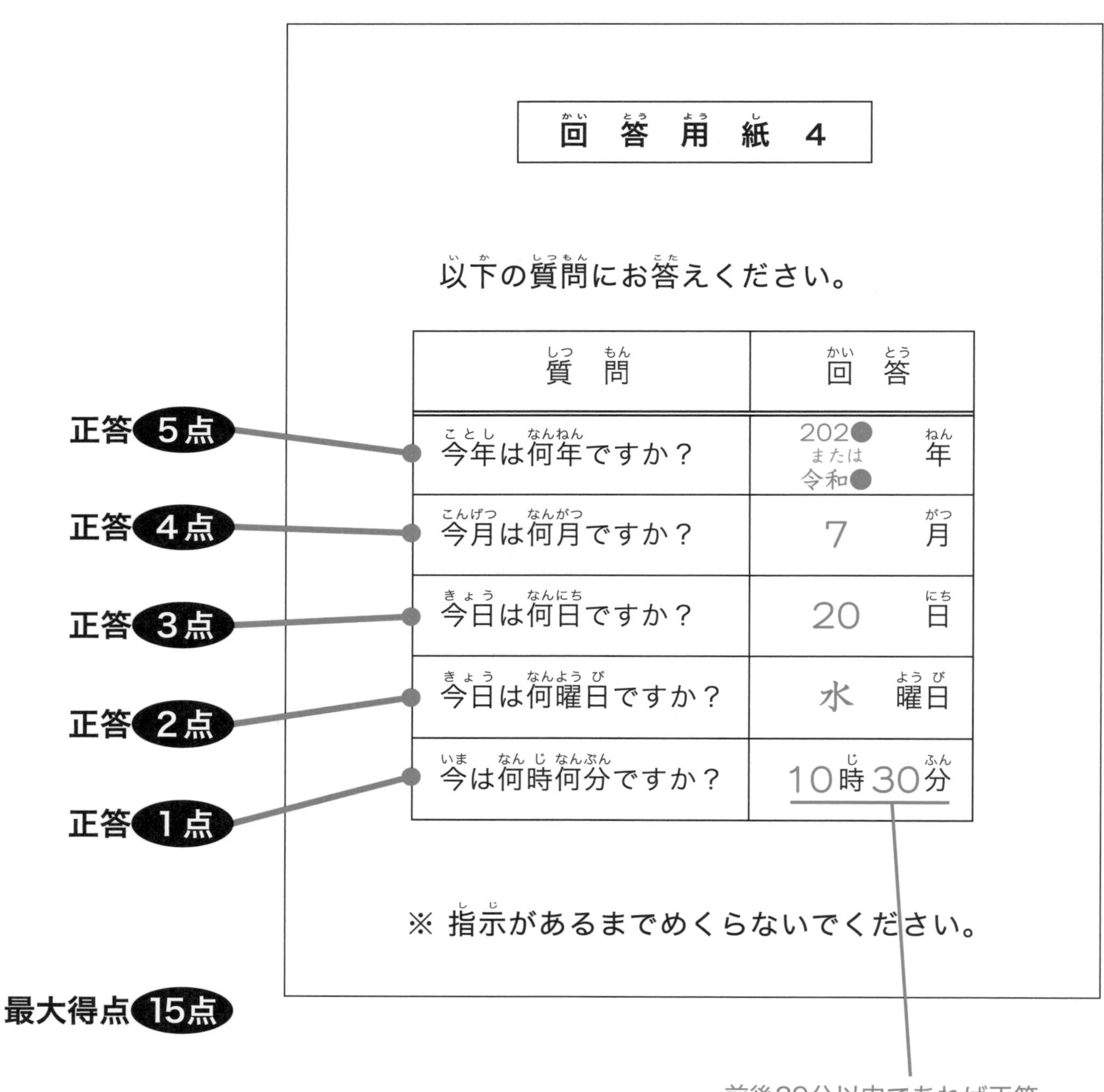

「採点補助用紙」を使って総合点を計算してみよう

総合点を計算するときは、下記の「採点補助用紙」を使います。総合点を100満点で算出するためには、細かい指数をかけなければならないからです。

総合点が100点満点で36点以上であれば、「認知症のおそれなし」となります。

採点補助用紙

1 手がかり再生（回答用紙2、3）

	イラスト	自由回答	手がかり回答	得点
1	大砲			
2	オルガン			
3	耳			
4	ラジオ			
5	テントウムシ			
6	ライオン			
7	タケノコ			
8	フライパン			
9	ものさし			
10	オートバイ			
11	ブドウ			
12	スカート			
13	ニワトリ			
14	バラ			
15	ペンチ			
16	ベッド			
小計 1				／32

←15点以上で採点終了可（指数の2.499をかけると36点以上になるため）

2 時間の見当識（回答用紙4）

質問	得点
何年	
何月	
何日	
何曜日	
何時何分	
小計 2	／15

【総合点の算出】

1 （　／32）×2.499＋ 2 （　／15）×1.336＝ 総合点（　）点

↑1が 15 点以上の場合、総合点の計算省略可

【採点結果】

36点未満 ✕	
36点以上 〇	

総合点が36点以上であれば
認知機能検査合格となる

判定結果は、「認知症のおそれなし」と「認知症のおそれあり」の２つです。
検査当日または後日に、下記の通知書で知ることができます。

認知機能検査の判定結果

判定１（総合点36点未満）

認知症のおそれあり

（記憶力・判断力が低くなっています）

判定２（総合点36点以上）

認知症のおそれなし

（「認知症のおそれがある」基準には該当しません）

「判定１」の認知機能検査結果通知書（例）

認知機能検査結果通知書

住　所
氏　名
生年月日
検査年月日
検査場所

総合点　　点
（A　点）
（B　点）

記憶力・判断力が低くなっており、認知症のおそれがあります。

記憶力・判断力が低下すると、信号無視や一時不停止の違反をしたり、進路変更の合図が遅れたりする傾向がみられます。
今後の運転について十分注意するとともに、医師やご家族にご相談されることをお勧めします。
また、臨時適性検査（専門医による診断）を受け、又は医師の診断書を提出していただくお知らせが公安委員会からあります。
この診断の結果、認知症であることが判明したときは、運転免許の取消し、停止という行政処分の対象となります。

運転免許証の更新手続の際は、この書面を必ず持参してください。

年　月　日

公安委員会　印

「判定２」の認知機能検査結果通知書（例）

認知機能検査結果通知書

住　所
氏　名
生年月日
検査年月日
検査場所

「認知症のおそれがある」基準には該当しませんでした。

今回の結果は、記憶力、判断力の低下がないことを意味するものではありません。
個人差はありますが、加齢により認知機能や身体機能が変化することから、自分自身の状態を常に自覚して、それに応じた運転をすることが大切です。
記憶力・判断力が低下すると、信号無視や一時不停止の違反をしたり、進路変更の合図が遅れたりする傾向がみられますので、今後の運転について十分注意してください。

運転免許証の更新手続の際は、この書面を必ず持参してください。

年　月　日

公安委員会　印

判定結果が出たら「認知機能検査」は終了！

第3章

監修 川島隆太 東北大学教授

脳科学から攻略!!

認知機能検査 合格対策脳ドリル

30日分

p46-49イラストパターン4種の暗記と対策脳ドリルでトレーニングしましょう!

＼ 検査で必要な脳力 ／

記憶力 情報処理力 視空間認知力

を強化!

脳トレで認知機能が向上します！

検査で用いる「覚える力」「認知力」をきたえる

記憶力 脳トレ

認知機能検査では4種類の絵が4枚提示され、合計16種類の絵を記憶するという記憶力のテストがメインです。誌面で「記憶力」と表示している問題は、文字通り「記憶力」をきたえるトレーニングです。

熟語や漢字の読みを一時的に覚えて問題を解く作業や、さらに、いくつかの数字を記憶したまま計算する問題もあります。言葉や数字を一時的に頭の中にとどめたまま問題を解く（情報を処理する）作業は、記憶力（ワーキングメモリ）を効果的にきたえることができ、認知機能を向上させます。46ページのイラストパターンの暗記と脳トレで記憶力を強化しましょう。

2日 月 日 記憶力 **記憶でたし算** →答えP.90 正答数 /6 目標時間 8分 かかった時間 分 秒

2 5 7 を20秒で覚えましょう。左の数字を手か紙でかくして、下の足し算をしましょう。

1 合計
2 合計
3 合計
4 合計
5 合計
6 合計

61

20日 月 日 記憶力 **熟語記憶** →答えP.93 正答数 /18 目標時間 12分 かかった時間 分 秒

リストの字をマスにあてはめて、四字熟語をつくりましょう。

	怒		楽
		即	妙
八			人
	意		到
危		一	
	方		方
意			長
	前		後
油		大	

	鏡	止	
	進		歩
開			番
天		泰	
美			句
	言		行
	頭	蛇	
紆		曲	
	枯	盛	

リスト
平 麗 美 折 用 機 哀 方 髪 当 辞 口
衰 喜 周 意 日 尾 断 一 竜 深 栄 実
月 空 味 八 明 下 絶 水 敵 余 有 四

79

脳力を最大限にアップさせるコツ

「記憶」と「速さ」で認知機能がグンと向上する！

脳の認知機能を向上させるためには、「記憶力」と「情報処理力」、この2つのトレーニング（記憶と速さ）が大きなカギです。なぜなら認知機能はこの2つの脳力が土台だからです。脳トレによって、記憶力の容量が増え、そして情報処理力がアップするとたくさんの様々な情報を瞬時に処理することができるようになり、まさに「働く脳」に生

たくさんの情報を処理し頭の回転力UP

情報処理力 脳トレ

単純な計算をできる限り速く解くことで頭の回転力が上がり、情報処理力がスピードアップします（誌面で「情報処理」と表示）。計算ミスには気にする必要はありません。とにかく「自分の限界まで全速力で解く」ことに集中してください。継続的に取り組むと処理速度がどんどんアップします。

29日　月　日　→答え▶P.95　正答数 ／8　目標時間 26分　かかった時間 分 秒

情報処理 **たし算ペア**

2つの数をたすと100になるペア、90になるペアが4つずつあります。その数字を□に書きましょう。

1 100のペア

98	63	93	22	17	32	44
3	52	94	82	83	33	55
69	79	37	49	43	16	6
95	60	12	71	19	35	54
87	30	90	73	20	64	38
8	26	66	46	41	96	61

100のペア

2 90のペア

48	58	83	36	71	38	26
33	15	82	7	18	77	43
68	45	9	39	3	16	62
4	74	80	53	21	46	27
84	44	63	73	12	88	60
50	23	1	76	29	49	56

90のペア

88

目の前に広がる情報を瞬時に把握！

視空間認知力 脳トレ

「視空間認知」と表示した問題では、空間的にばらばらにある絵や文字のパーツから、情報を瞬時に把握する脳力や、似たものの中から同じ絵を探したり、細かい絵の違いを見分けたりする注意力をきたえます。問題を解く際には目の前の情報に意識を集中させるので集中力の向上も期待できます。

1日　月　日　→答え▶P.90　正答数 ／20　目標時間 6分　かかった時間 分 秒

視空間認知 **標識ペア探し**

同じ標識のペア20組をできるだけ早く見つけてチェックしましょう。ただし使われないものもまざっています。

60

まれ変わります。

ポイントは、「短時間で集中」「全力で速くやる！」。目標時間内を目ざしましょう。脳トレは「速さ」「記憶」の両輪でやり続けると、予測力・判断力など幅広い認知機能も向上します。さらに「視空間認知力」の脳トレでは、注意力・集中力といった脳力を向上させます。

重要！ 脳トレ ポイント❸

1. 「速さ」&「記憶」で脳力全開！
2. 短時間で全力集中！
3. 視空間トレーニングで注意力・集中力UP

1日

月　日

→答え▶P.90

正答数　／20

目標時間　6分

かかった時間　分　秒

視空間認知

標識ペア探し

同じ標識のペア20組をできるだけ早く見つけてチェックしましょう。ただし使われないものもまざっています。

2日

記憶力

記憶でたし算

月　日

→答え▶P.90

正答数　／6

目標時間　8分

かかった時間　分　秒

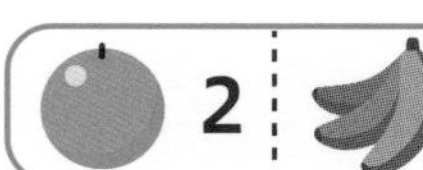

を20秒で覚えましょう。左の数字を手か紙でかくして、下の絵でたし算をしましょう。

1

合計

2

合計

3

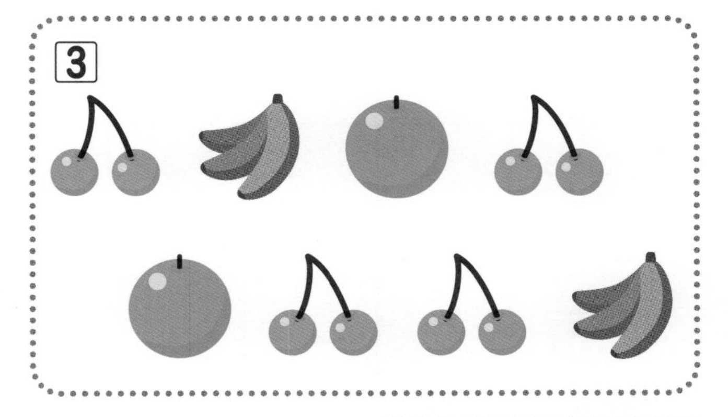

合計

4

合計

5

合計

6

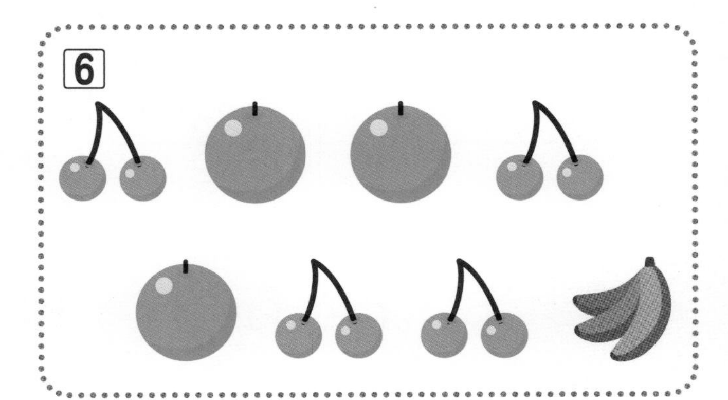

合計

3日

月　日

記憶力

熟語記憶

→答え▶P.90

正答数 ／18

目標時間 12分

かかった時間 分 秒

リストの字をマスにあてはめて、四字熟語をつくりましょう。

花		風	
千			来
	言	実	
	今		西
温		知	
	奔		走
晴		雨	
	答	無	
一			得

無	我		
	然		若
頭		足	
	脳		晰(せき)
	々	発	
意			沈
渾(こん)		一	
	若	男	
	衣		縫

リスト

丁	気	新	行	女	古	客	無	月	不	頭	寒
故	鳥	万	東	泰	体	天	両	熱	然	読	消
中	自	東	挙	問	老	止	明	耕	西	夢	用

4日 月　日

→答え▶ P.90

正答数　／8

目標時間 10分

かかった時間　分　秒

情報処理

そろばん

そろばんの絵を見て、計算の答えを数字で書きましょう。

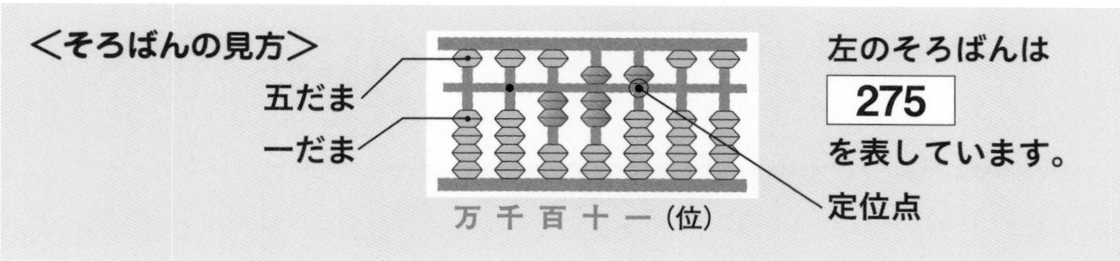

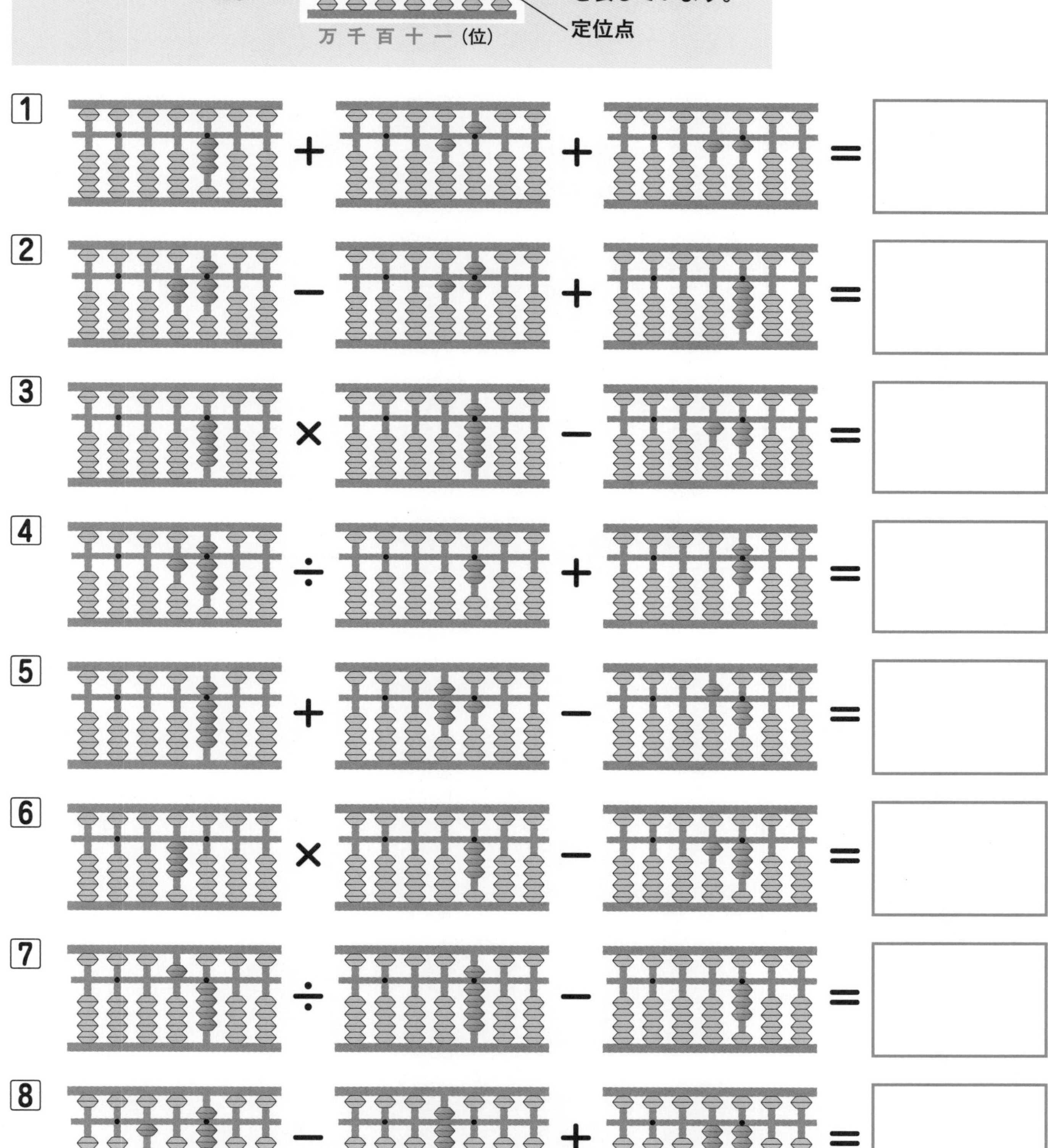

5日 視空間認知

月　日

→答え▶P.90

正答数 ／12

目標時間 10分

かかった時間　分　秒

イラスト間違い探し

下の絵には12か所、上と異なる部分があります。それを探して○で囲みましょう。

正

間違い12か所

誤

6日 記憶力

月　日

→答え▶P.90

正答数 ／42

目標時間 18分

かかった時間 分 秒

しりとりで並べ替え

札にある熟語の読みでしりとりをします。しりとりですべての札がつながるように左から読みを書いて並べましょう。

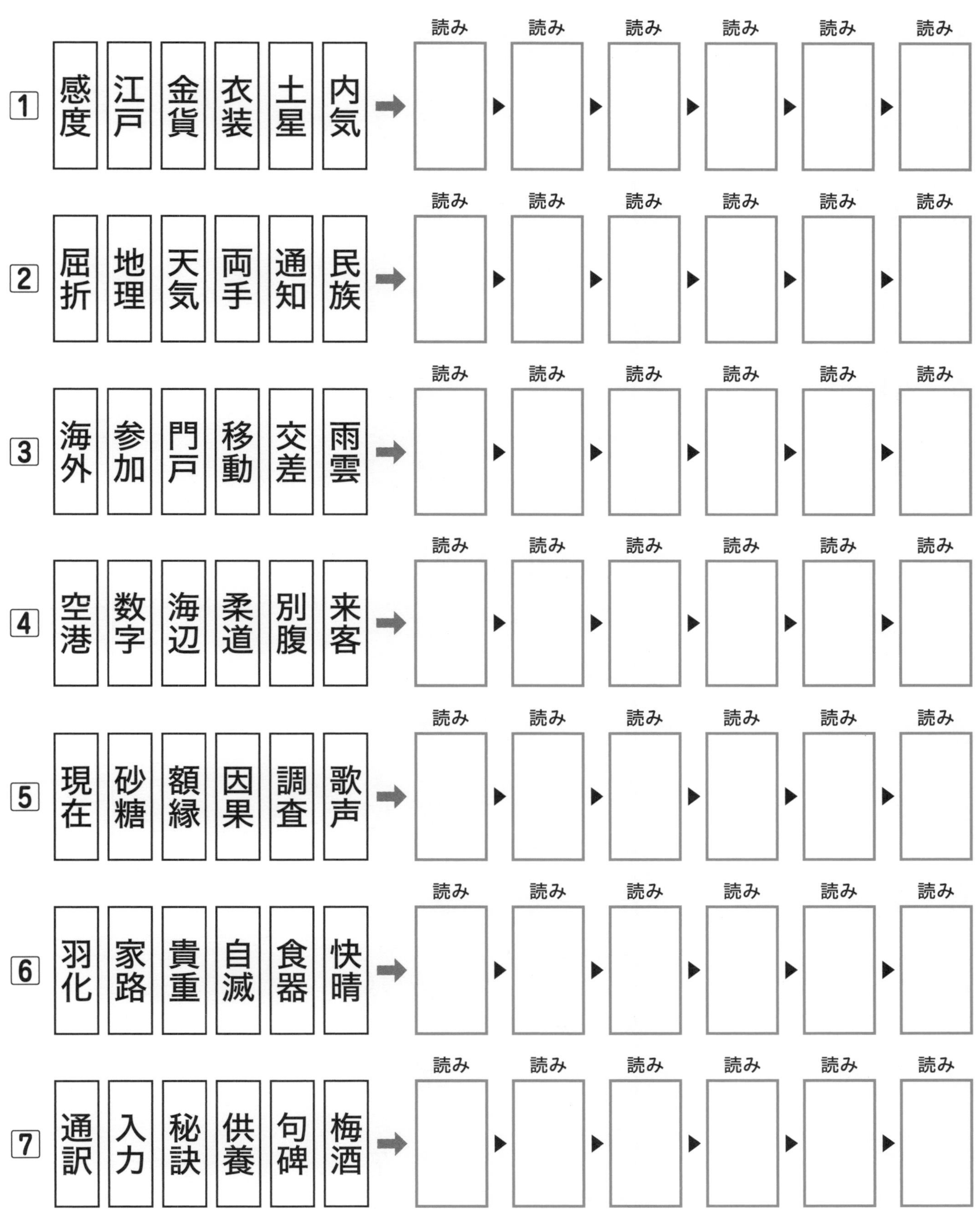

月　日

→答え▶P.91

正答数 ／28

目標時間 5分

かかった時間　分　秒

計算

次の計算をしましょう。

1 $5 + 8 - 11 =$ □

2 $16 - 7 + 3 =$ □

3 $4 \times 4 - 5 =$ □

4 $30 \div 6 + 3 =$ □

5 $20 - 5 + 3 =$ □

6 $3 \times 7 - 5 =$ □

7 $2 \times 15 \div 3 =$ □

8 $40 \div 10 + 5 =$ □

9 $6 \times 3 - 10 =$ □

10 $8 - 7 + 6 =$ □

11 $9 \times 5 - 5 =$ □

12 $4 + 8 - 10 =$ □

13 $18 \div 2 + 7 =$ □

14 $64 \div 8 - 4 =$ □

15 $11 - 7 + 2 =$ □

16 $2 \times 3 - 6 =$ □

17 $20 + 16 + 5 =$ □

18 $72 \div 9 \times 2 =$ □

19 $34 - 3 + 11 =$ □

20 $12 \times 2 - 4 =$ □

21 $26 \div 13 \div 2 =$ □

22 $25 \times 2 - 10 =$ □

23 $1 \times 25 \div 5 =$ □

24 $12 \div 3 + 3 =$ □

25 $13 - 11 + 8 =$ □

26 $28 \div 7 + 4 =$ □

27 $15 + 3 - 7 =$ □

28 $7 \times 7 - 9 =$ □

8日 記憶力 文字拾い音読

月　日

→答え▶P.91

正答数 ／3

目標時間 12分

かかった時間　分　秒

声に出して読みながら**指定の文字が何回出てきたか**を数えて答えましょう。出てきたら✓（目印）をつけて数えます。

1 『現代語訳　平家物語』尾崎士郎訳

「し」が出る回数　　回

ぎおんしょうじゃのかねのこえ、しょぎょうむじょうのひびきあり。しゃらそうじゅのはなのいろ、じょうしゃひっすいのことわりをあらわす。おごれるひともひさしからず、ただ、はるのよのゆめのごとし。たけきものもついにはほろびぬ、ひとえにかぜのまえのちりにおなじ。にじゅうよねんのながきにわたって、そのけんせいをほしいままにし、「へいけにあらざるはひとにあらず」とまでごうごしたへいしももとはといえば、びりょくないちちほうのごうぞくにすぎなかった。そのけいふをたずねると、まずとおくさかのぼってかんむてんのうのだいごおうじ、いっぽんしきぶきょうかずらはらのしんのうというじんぶつが、そのせんぞにあたるらしい。

2 『セロ弾きのゴーシュ』宮沢賢治

「く」が出る回数　　回

ごーしゅはまちのかつどうしゃしんかんでせろをひくかかりでした。けれどもあんまりじょうずでないというひょうばんでした。じょうずでないどころではなくじつはなかまのがくしゅのなかではいちばんへたでしたから、いつでもがくちょうにいじめられるのでした。ひるすぎみんなはがくやにまるくならんでこんどのまちのおんがくかいへだすだいろくこうきょうきょくのれんしゅうをしていました。とらんぺっとはいっしょうけんめいうたっています。ゔぁいおりんもふたいろかぜのようになっています。くらりねっともぼーぼーとそれにてつだっています。ごーしゅもくちをりんとむすんでめをさらのようにしてがくふをみつめながらもういっしんにひいています。

3 『夜明け前』島崎藤村

「う」が出る回数　　回

きそじはすべてやまのなかである。あるところはそばづたいにいくがけのみちであり、あるところはすうじっけんのふかさにのぞむきそがわのきしであり、あるところはやまのおをめぐるたにのいりぐちである。ひとすじのかいどうはこのふかいしんりんちたいをつらぬいていた。ひがしざかいのさくらざわから、にしのじっきょくとうげまで、きそじゅういっしゅくはこのかいどうにそうて、にじゅうにりあまりにわたるながいけいこくのあいだにさんざいしていた。どうろのいちもいくたびかあらたまったもので、こどうはいつのまにかふかいやまあいにうずもれた。なだかいかけはしも、つたのかずらをたのみにしたようなあぶないばしょではなくなって、とくがわじだいのすえにはすでにわたることのできるはしであった。

9日　視空間認知

月　　日

→答え▶P.91

正答数　／4

目標時間　12分

かかった時間　分　秒

同じ絵はどれ？

見本と同じ絵がそれぞれ２つあります。２つの絵に○をつけましょう。

1 見本

2 見本

月　　日

→答え▶ P.91

正答数 ／6

目標時間 10分
かかった時間　分　秒

数字組み合わせ探し

見本の数字をよく覚えましょう。同じ数字の組み合わせを３つ、１つの数字以外同じ組み合わせを３つ答えましょう。

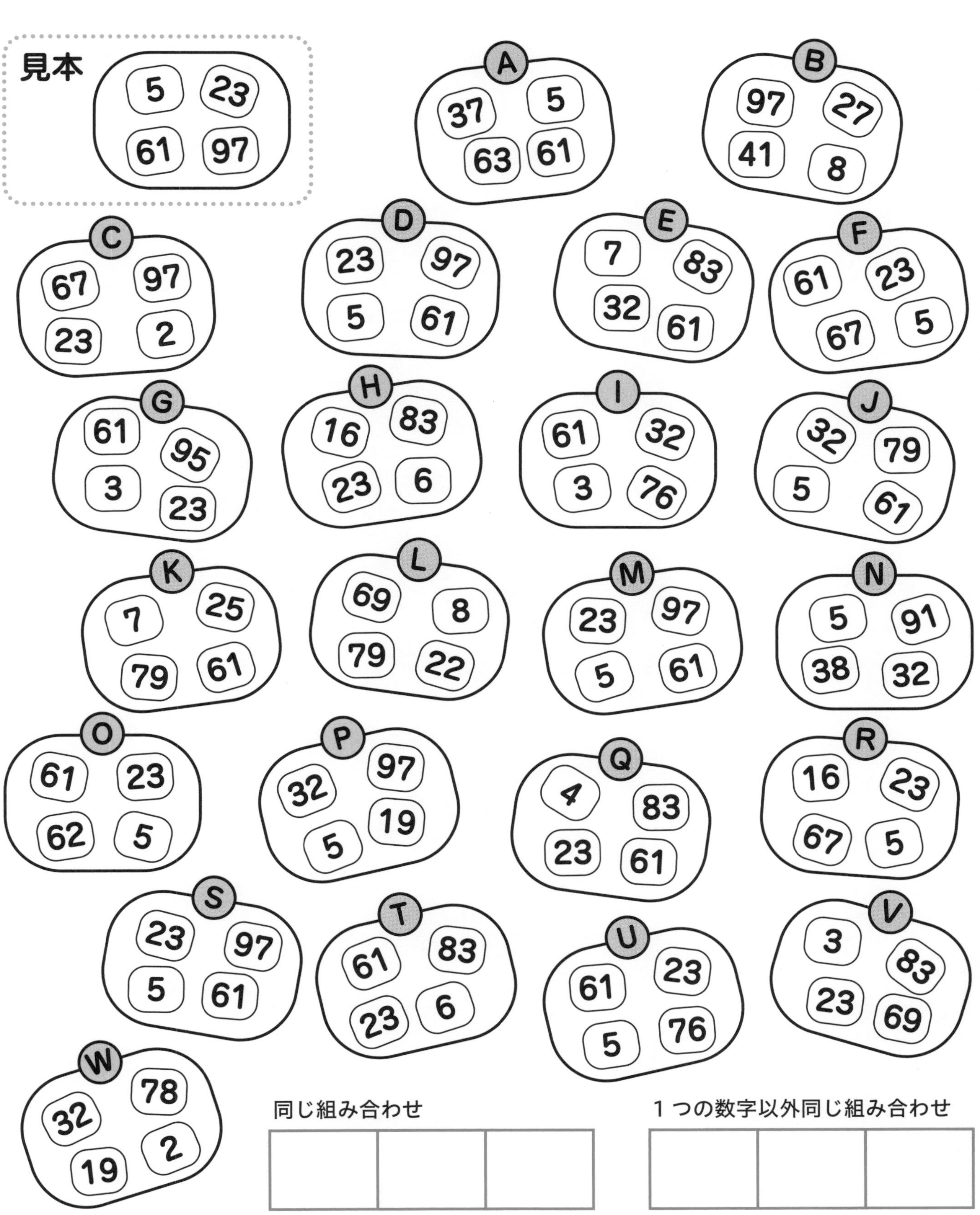

同じ組み合わせ

１つの数字以外同じ組み合わせ

11日 月 日

→答え▶ P.91

正答数 ／1

目標時間 12分

かかった時間 分 秒

情報処理

スピード点つなぎ

1から順にできるだけ速く線をつなぎましょう。

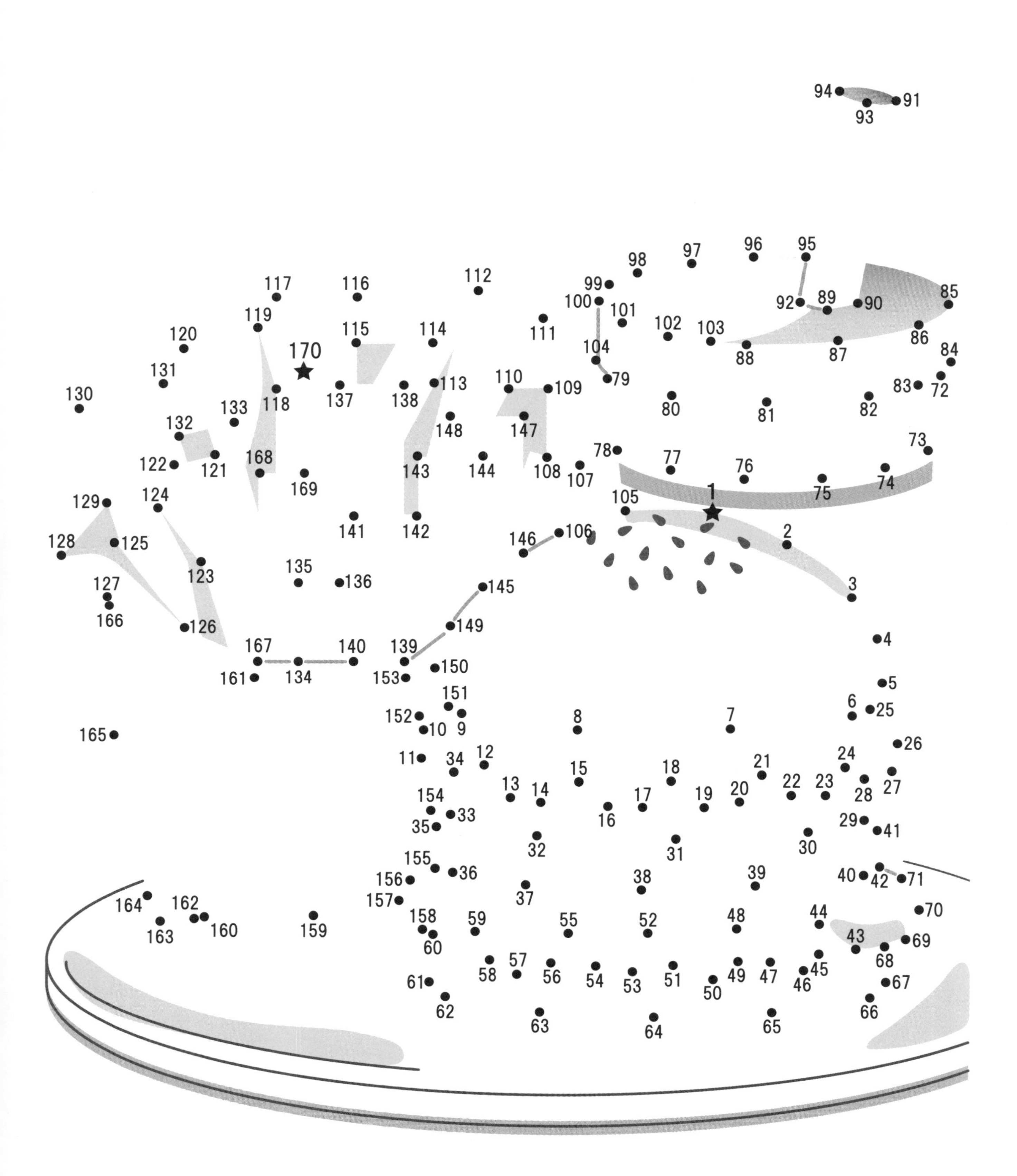

月　日

→答え▶P.92

正答数　／24

目標時間 30分

かかった時間　分　秒

矢印熟語パズル

➡の方向に読むと二字熟語ができます。リストの漢字をマスに１度ずつ入れましょう。

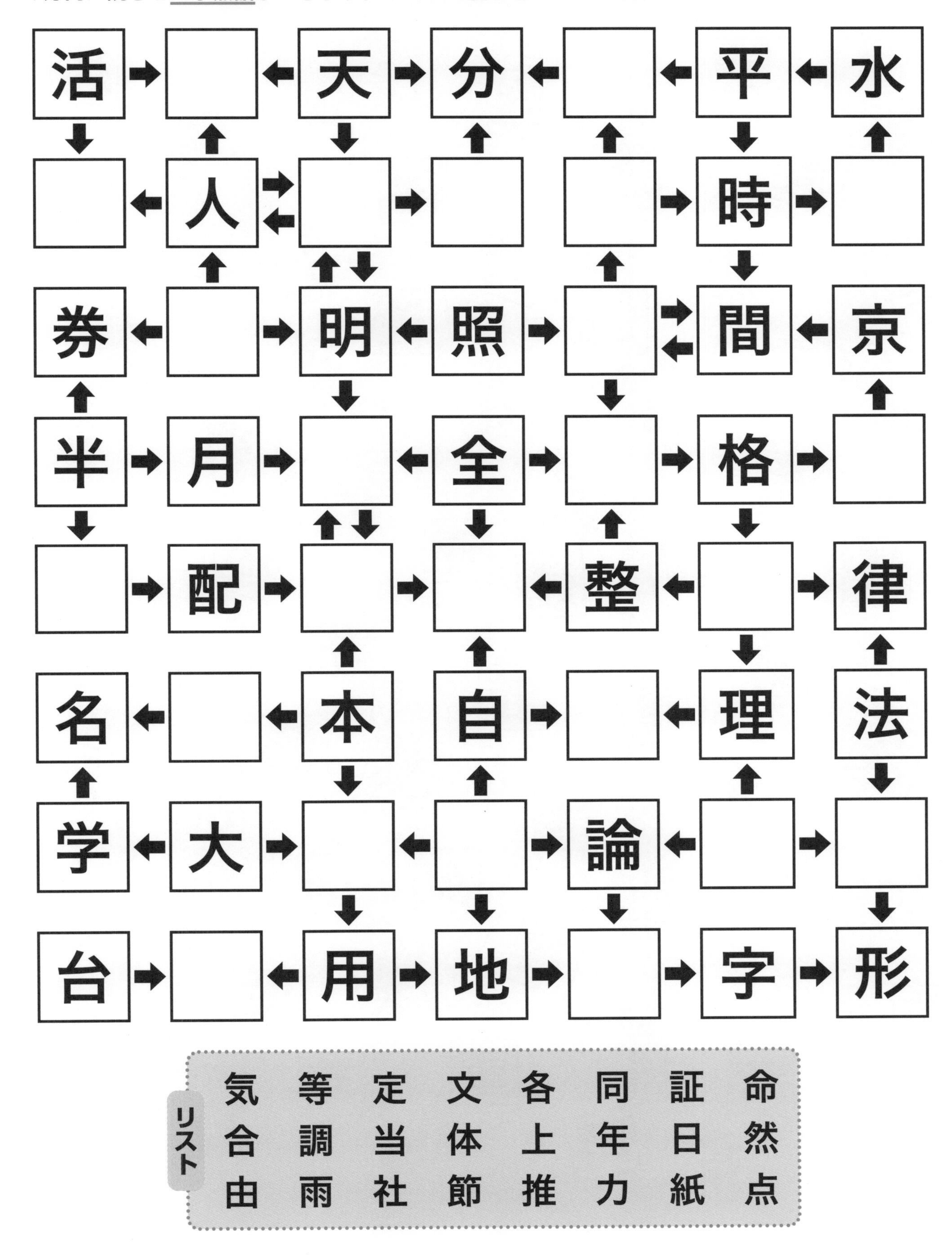

13日

月　日

→答え▶P.92

正答数 ／4

目標時間 15分

かかった時間　分　秒

視空間認知

同じ文字探し

同じ文字のペアが4組あります。その字を探しましょう。

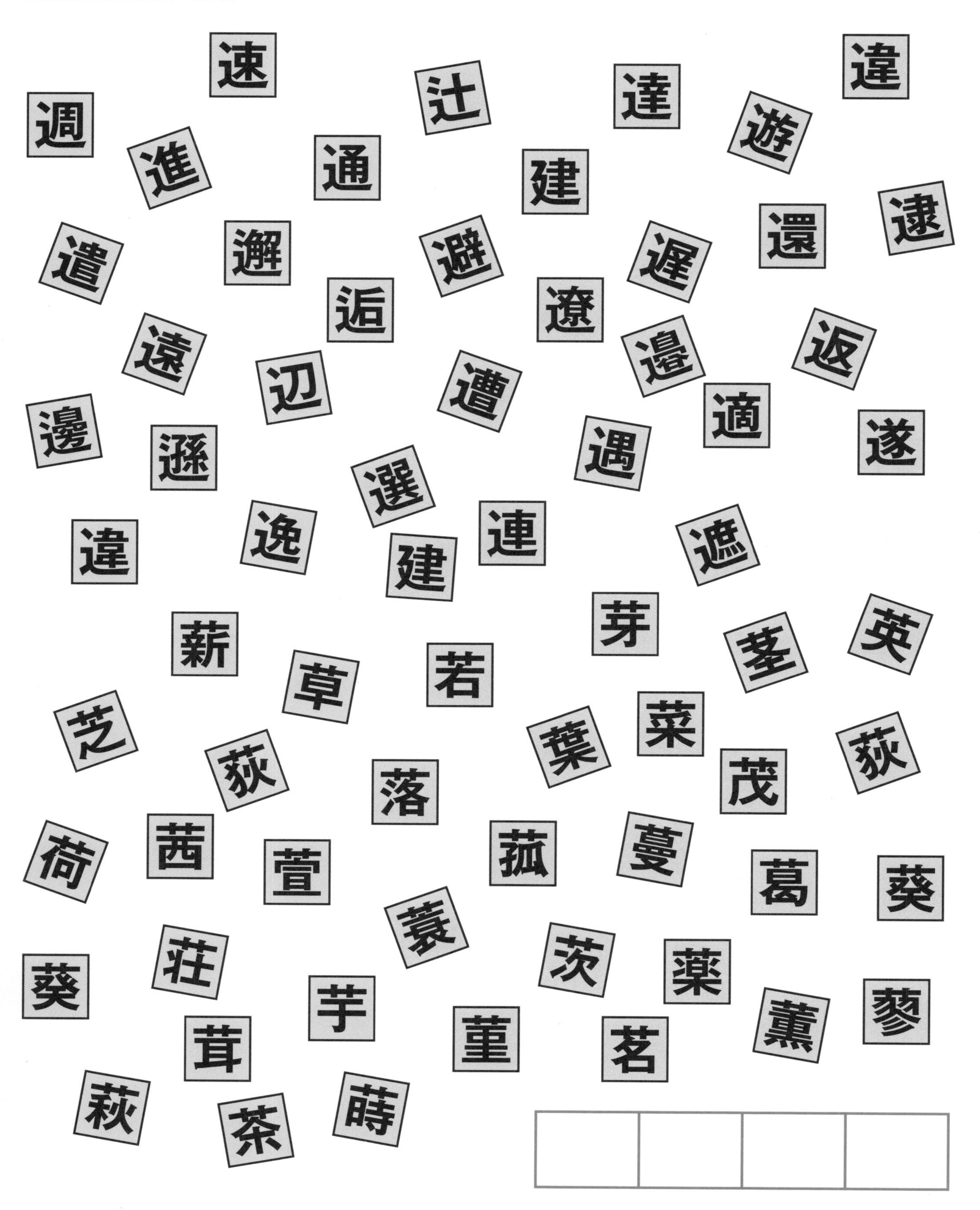

14日

情報処理

時間の筆算

月　日

→答え▶ P.92

正答数 ／21

目標時間 10分

かかった時間　分　秒

時間のたし算や引き算です。○時間○分と答えましょう。

1　6時間 30分 ＋ 11時間 41分 ＝ 　時間　分

2　19時間 8分 ＋ 20時間 22分 ＝ 　時間　分

3　10時間 31分 ＋ 24時間 15分 ＝ 　時間　分

4　15時間 36分 － 6時間 26分 ＝ 　時間　分

5　21時間 9分 － 13時間 12分 ＝ 　時間　分

6　7時間 19分 ＋ 17時間 43分 ＝ 　時間　分

7　5時間 3分 ＋ 23時間 16分 ＝ 　時間　分

8　3時間 45分 ＋ 16時間 29分 ＝ 　時間　分

9　23時間 30分 － 2時間 12分 ＝ 　時間　分

10　1時間 49分 ＋ 22時間 56分 ＝ 　時間　分

11　4時間 32分 ＋ 18時間 6分 ＝ 　時間　分

12　8時間 48分 ＋ 21時間 21分 ＝ 　時間　分

13　22時間 53分 － 14時間 10分 ＝ 　時間　分

14　13時間 37分 － 8時間 20分 ＝ 　時間　分

15　9時間 35分 ＋ 19時間 7分 ＝ 　時間　分

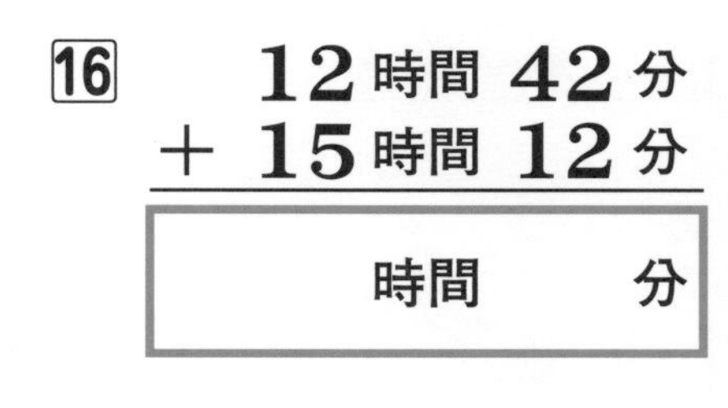

16　12時間 42分 ＋ 15時間 12分 ＝ 　時間　分

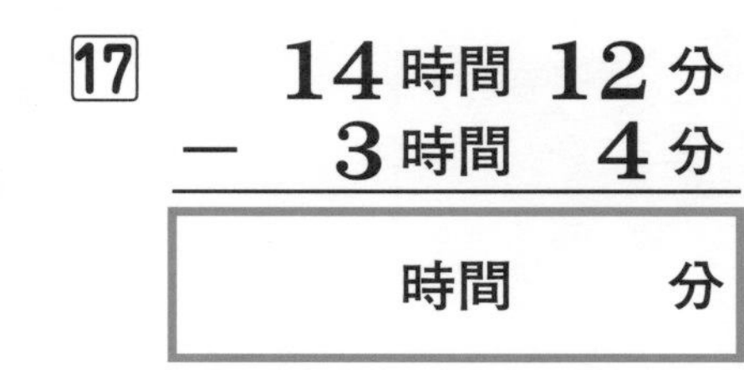

17　14時間 12分 － 3時間 4分 ＝ 　時間　分

18　16時間 40分 － 12時間 57分 ＝ 　時間　分

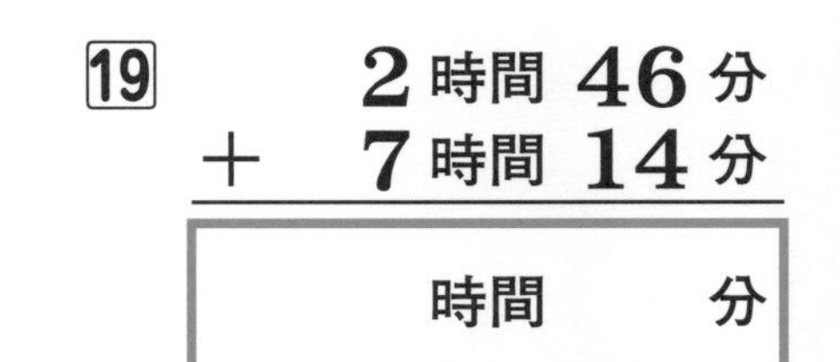

19　2時間 46分 ＋ 7時間 14分 ＝ 　時間　分

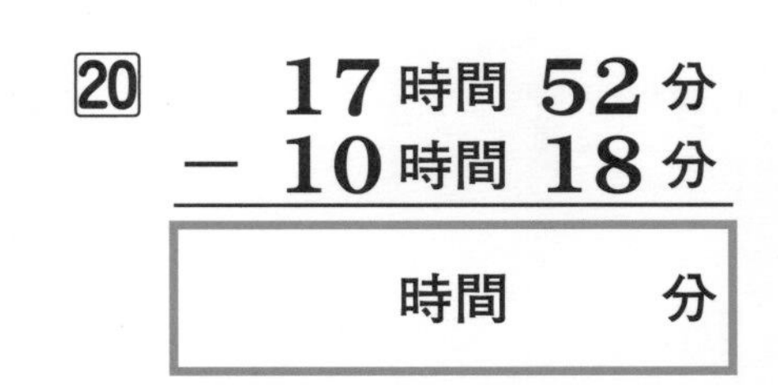

20　17時間 52分 － 10時間 18分 ＝ 　時間　分

21　18時間 28分 － 9時間 13分 ＝ 　時間　分

視空間認知

月　日

漢字組み立て

→答え▶P.92

正答数 ／19

目標時間 8分

かかった時間　分　秒

漢字のパーツを組み合わせて、漢字１字をつくりましょう。

解き方

漢字のパーツをうまく組み合わせ、元の漢字をつくります。

1

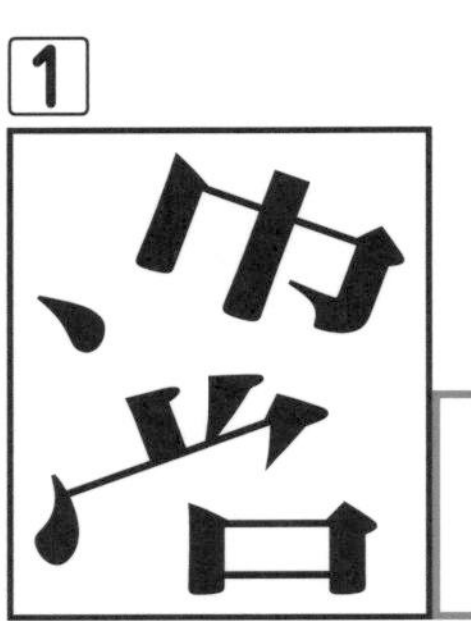

元の字

2

元の字

3

元の字

4

元の字

5

元の字

6

元の字

7

元の字

8

元の字

9

元の字

10

元の字

11

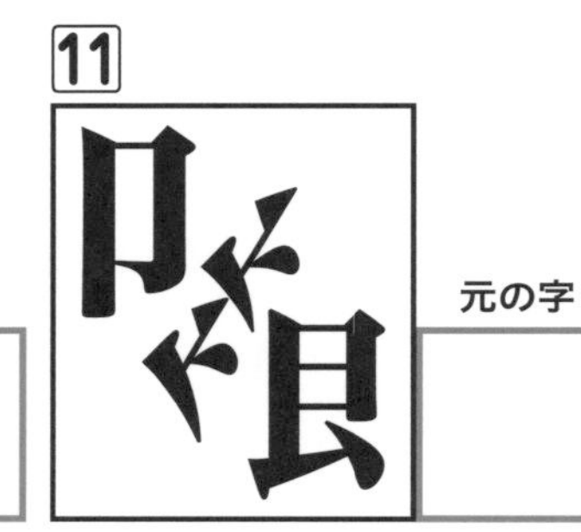

元の字

12

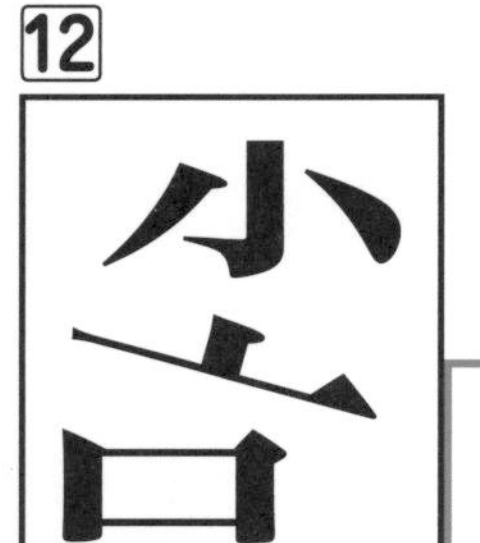

元の字

13

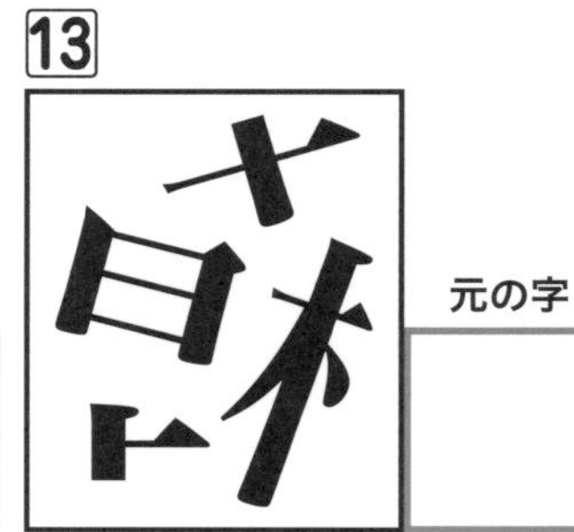

元の字

14

元の字

15

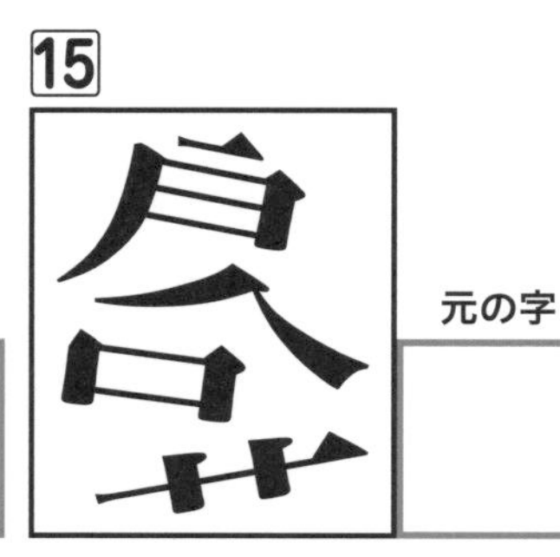

元の字

16

元の字

17

元の字

18

元の字

19

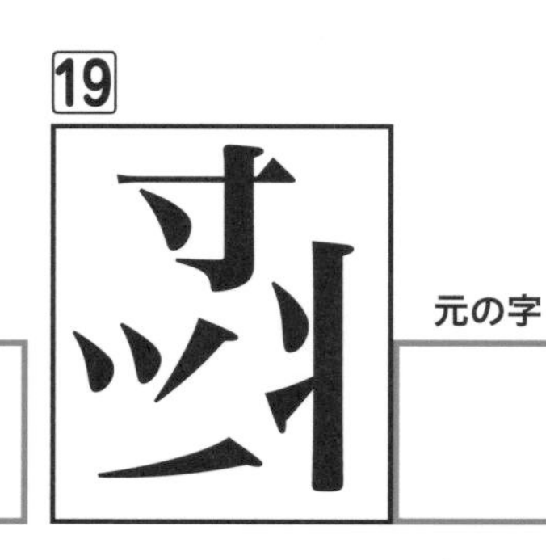

元の字

16日 情報処理 たし算ペア

月　　日

→答え▶P.92

正答数 ／8　目標時間 26分　かかった時間 分 秒

2つの数をたすと100になるペア、90になるペアが4つずつあります。その数字を□に書きましょう。

1 100のペア

99	45	89	24	92	52	70
2	91	62	31	47	15	75
97	48	18	26	10	61	33
67	36	80	34	11	40	96
86	51	21	27	58	74	5
7	50	77	29	13	57	65

100のペア

2 90のペア

2	75	28	83	58	21	40
87	46	60	8	37	86	45
4	17	31	81	51	22	16
69	72	32	11	41	66	44
85	19	55	78	48	25	43
23	70	34	13	6	64	52

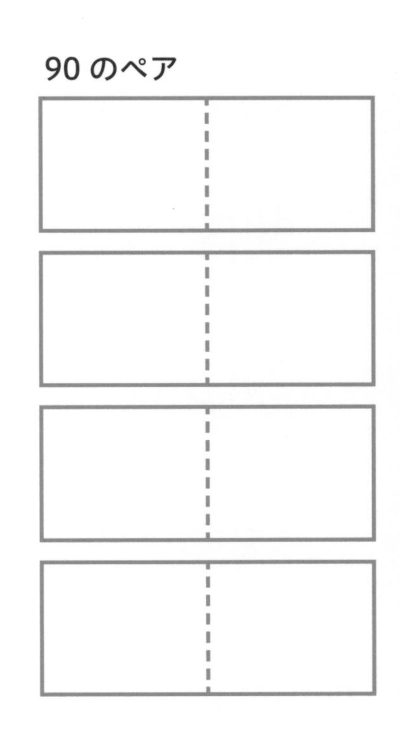

17日

記憶力

月　日

しりとりで並べ替え

→答え▶P.92

正答数　／42

目標時間　18分

かかった時間　分　秒

札にある熟語の読みでしりとりをします。しりとりですべての札がつながるように左から読みを書いて並べましょう。

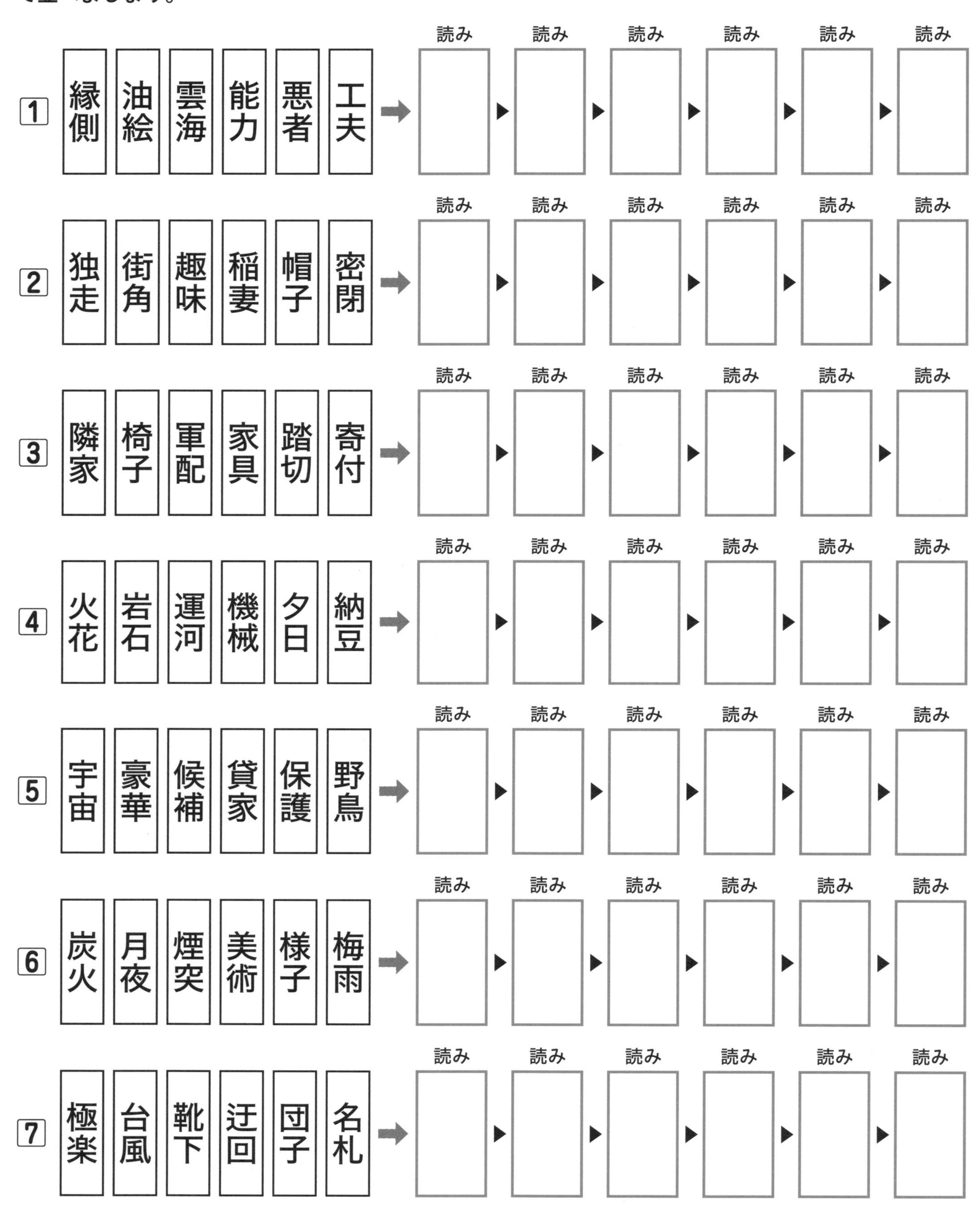

18日

情報処理

月　日

あみだ計算

→答え▶P.93

正答数 ／6

目標時間 26分

かかった時間 分 秒

一番上の数字からスタートして、計算をしながらあみだくじをたどりましょう。一番下の□に計算結果を書きましょう。

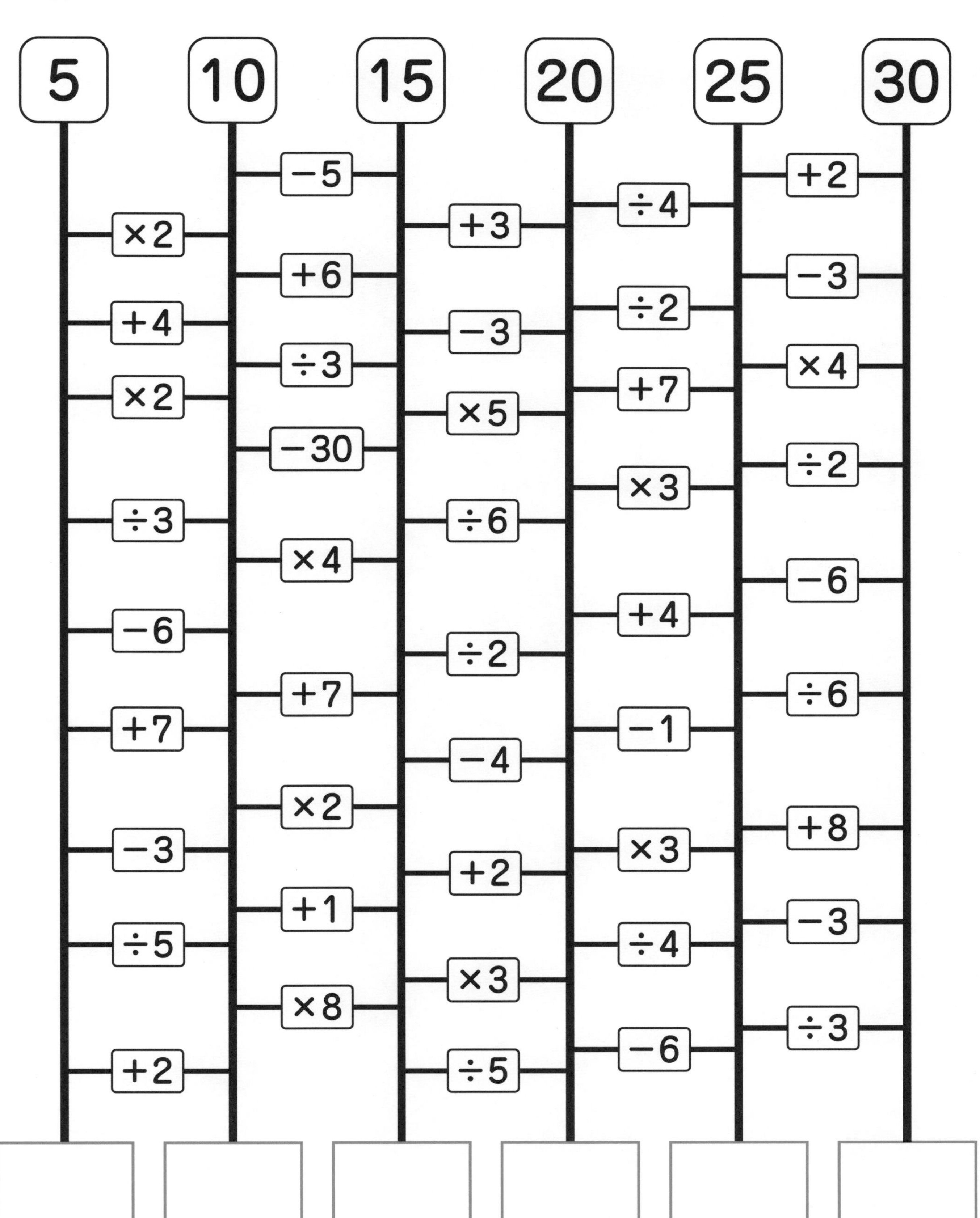

月　日

→答え▶P.93

正答数　／20

目標時間　6分

かかった時間　分　秒

視空間認知

標識ペア探し

同じ標識のペア20組をできるだけ早く見つけてチェックしましょう。ただし使われないものもまざっています。

20日 記憶力

月　日

→答え▶P.93

正答数 ／18

目標時間 12分

かかった時間 分 秒

熟語記憶

リストの字をマスにあてはめて、四字熟語をつくりましょう。

	怒		楽
		即	妙
八			人
	意		到
危		一	
	方		方
意			長
	前		後
油		大	

	鏡	止	
	進		歩
開			番
天		泰	
美			句
	言		行
	頭	蛇	
紆(う)		曲	
	枯	盛	

リスト

平	麗	美	折	用	機	哀	方	髪	当	辞	口
衰	喜	周	意	日	尾	断	一	竜	深	栄	実
月	空	味	八	明	下	絶	水	敵	余	有	四

月　日

そろばん

→答え▶P.93

正答数　／8

目標時間 10分　かかった時間　分　秒

そろばんの絵を見て、計算の答えを数字で書きましょう。

<そろばんの見方>

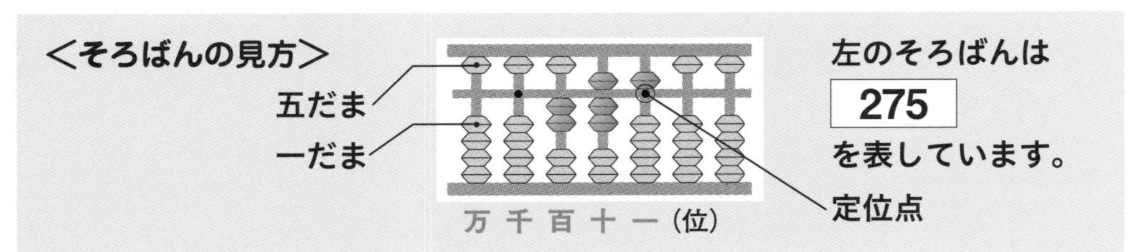

左のそろばんは 275 を表しています。

1 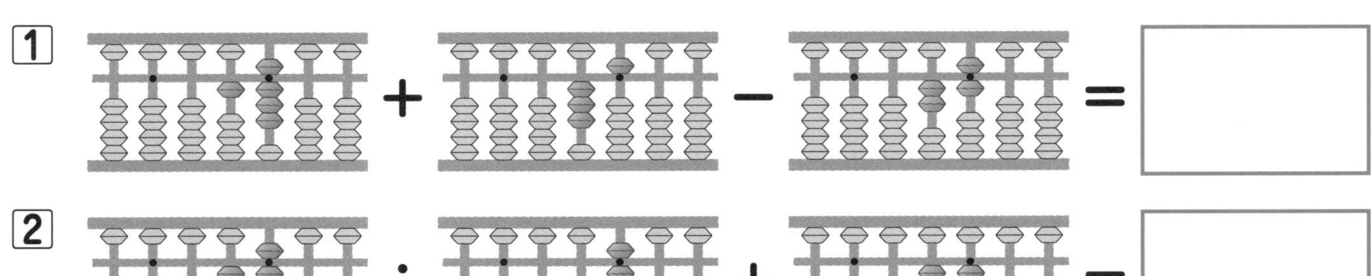 ＋ － ＝

2 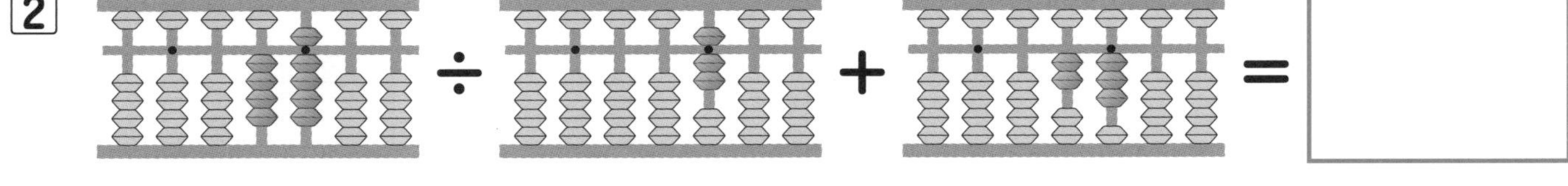 ÷ ＋ ＝

3 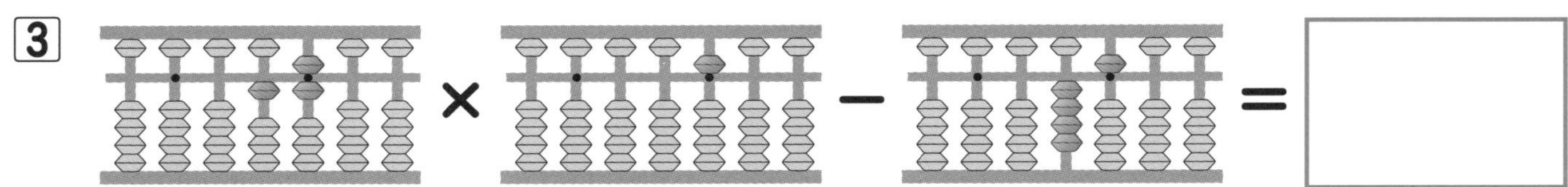 × － ＝

4 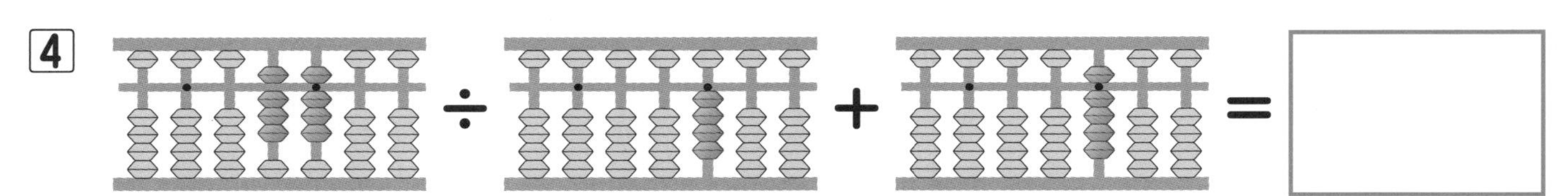 ÷ ＋ ＝

5 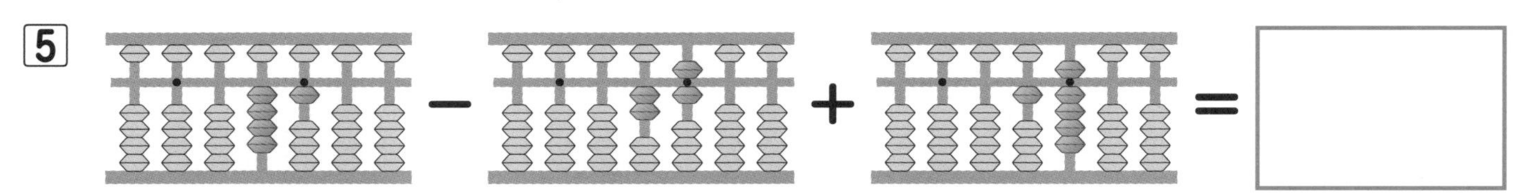 － ＋ ＝

6 ÷ － ＝

7 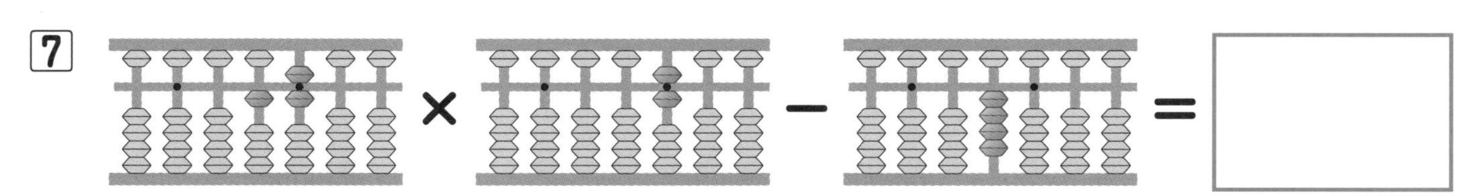 × － ＝

8 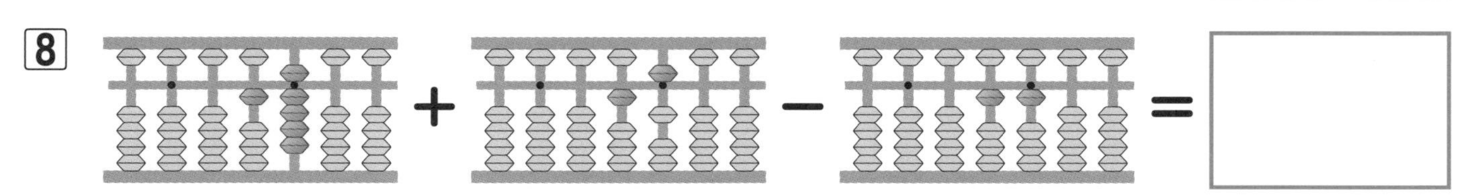 ＋ － ＝

22日

視空間認知

文字ひろい

月　日

→答え▶P.94

正答数

目標時間　5分

かかった時間　分　秒

①中心にある●だけを真上から見ながら指定の文字を探しましょう。制限時間は1分。
②次に目を動かして、指定の文字すべてに素早く○をつけます。かかった時間を記入します。

「フ」を探す

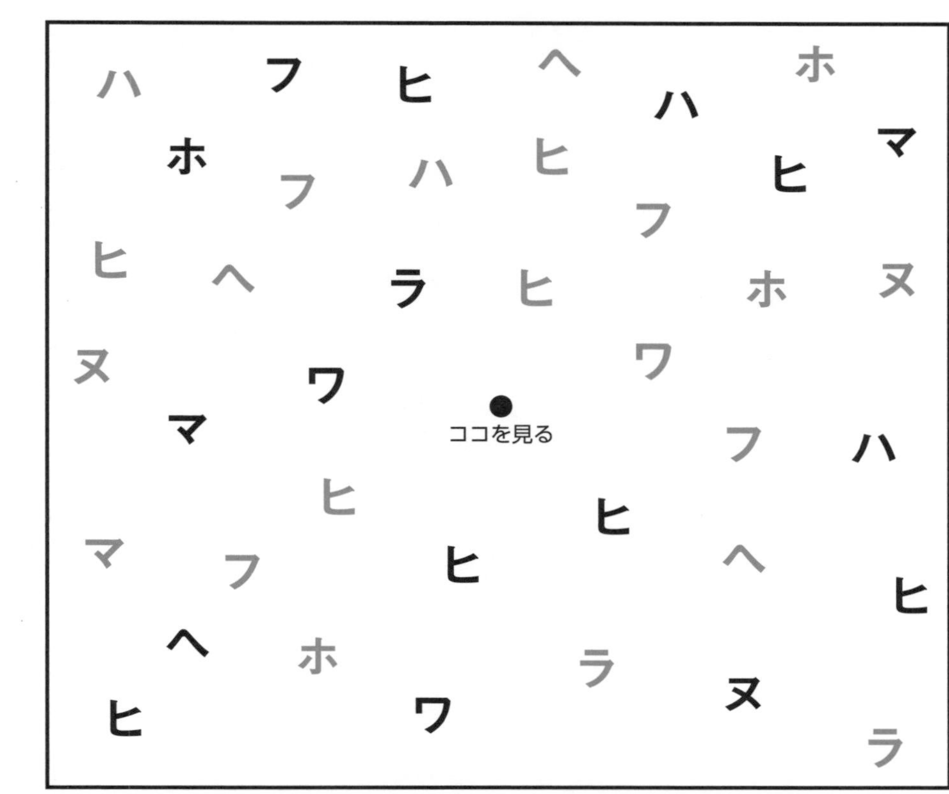

①1分間で見つけた数　個

②かかった時間　分　秒

「ろ」を探す

に る の ろ の ね の
ほ ぬ る な ぬ の
の に ね
の ほ は ぬ
ね の
な ●ココを見る
る ろ に ほ
ろ に
る の ぬ の ね
な
の る な る の ろ

①1分間で見つけた数　個

②かかった時間　分　秒

23日

記憶力

月　日

→答え▶P.94

正答数　／6

目標時間　10分

かかった時間　分　秒

数字組み合わせ探し

見本の数字をよく覚えましょう。同じ数字の組み合わせを３つ、１つの数字以外同じ組み合わせを３つ答えましょう。

同じ組み合わせ

１つの数字以外同じ組み合わせ

24日

情報処理

月　日

→答え▶P.94

スピード点つなぎ

正答数	目標時間	10分
／1	かかった時間	分　秒

1から順にできるだけ速く線をつなぎましょう。

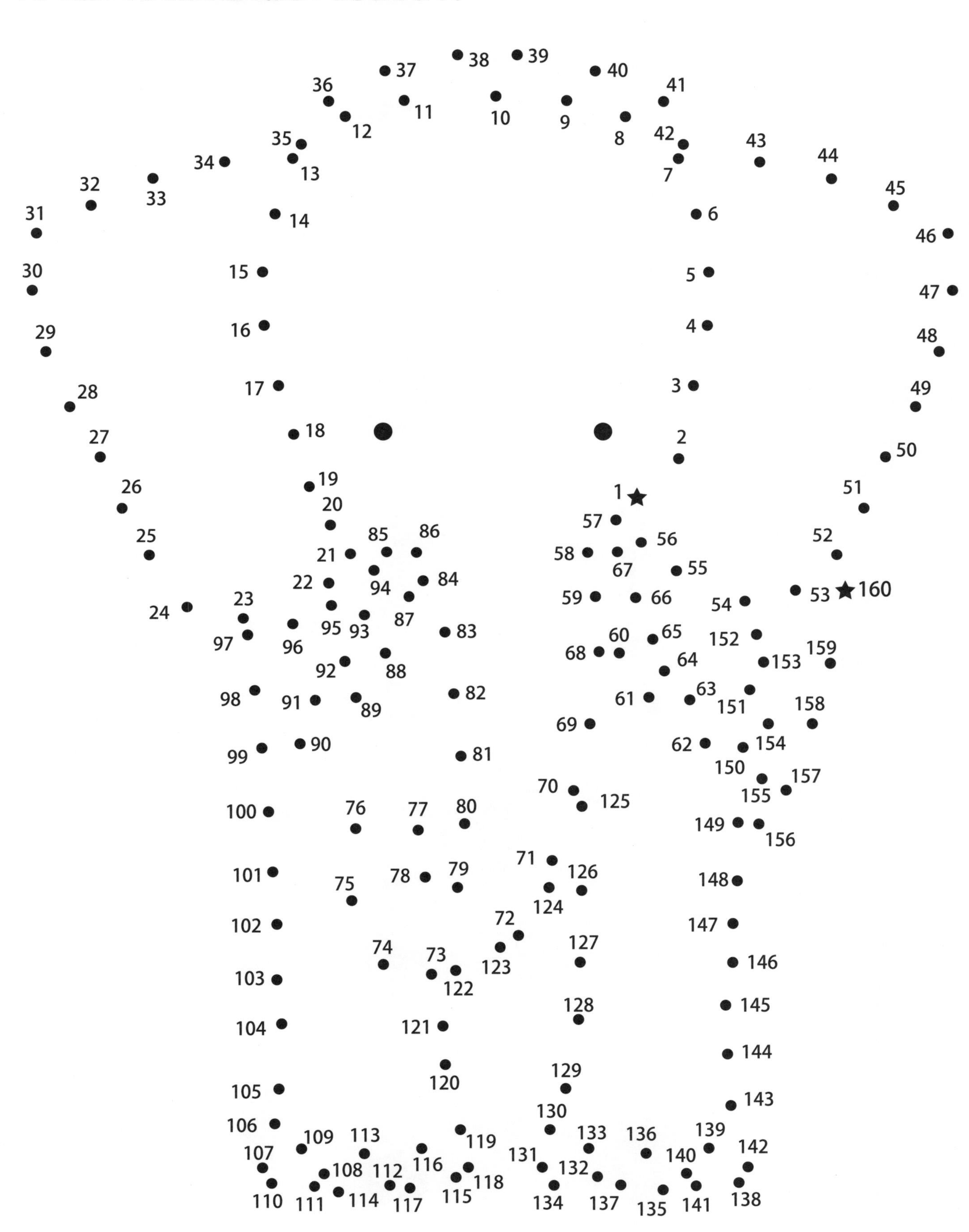

25日　月　日

→答え▶ P.94

視空間認知

同じ絵はどれ？

正答数　／4

目標時間　12分

かかった時間　分　秒

見本と同じ絵がそれぞれ２つあります。２つの絵に○をつけましょう。

1

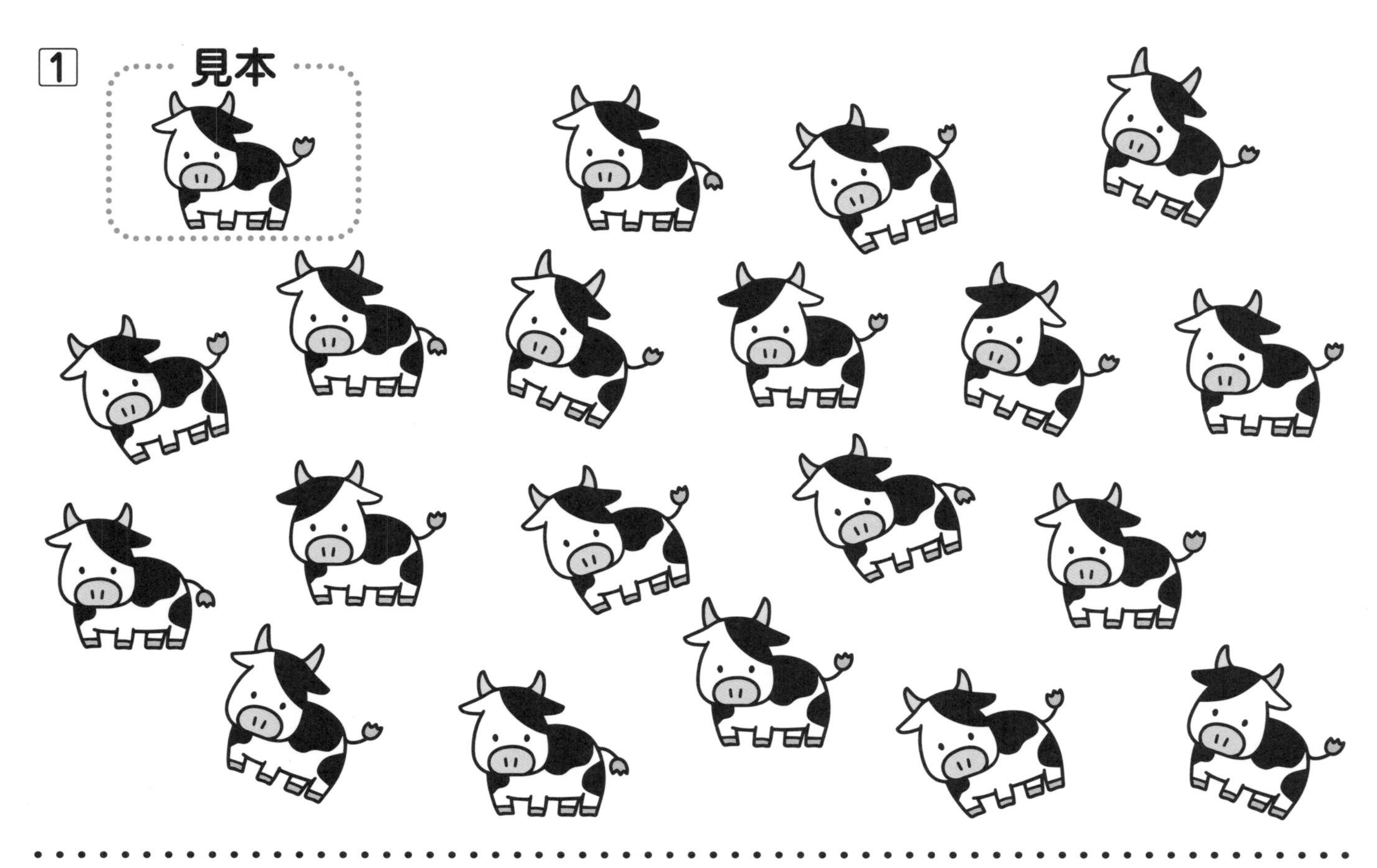

2

26日 記憶力

月　日　→答え▶P.95

正答数 ／3　目標時間 12分　かかった時間 分 秒

文字拾い音読

声に出して読みながら指定の文字が何回出てきたかを数えて答えましょう。出てきたら✓（目印）をつけて数えます。

1 『月夜とめがね』小川未明　「い」が出る回数　回

まちも、のも、いたるところ、みどりのはにつつまれているころでありました。おだやかな、つきのいいばんのことであります。しずかなまちのはずれにおばあさんはすんでいましたが、おばあさんは、ただひとり、まどのしたにすわって、はりしごとをしていました。らんぷのひが、あたりをへいわにてらしていました。おばあさんは、もういいとしでありましたから、めがかすんで、はりのめどによくいとがとおらないので、らんぷのひに、いくたびも、すかしてながめたり、また、しわのよったゆびさきで、ほそいいとをよったりしていました。つきのひかりは、うすあおく、このせかいをてらしていました。なまあたたかなみずのなかに、こだちも、いえも、おかも、みんなひたされたようであります。

2 『走れメロス』太宰治　「え」が出る回数　回

めろすはげきどした。かならず、かのじゃちぼうぎゃくのおうをのぞかなければならぬとけついした。めろすにはせいじがわからぬ。めろすは、むらのぼくじんである。ふえをふき、ひつじとあそんでくらしてきた。けれどもじゃあくにたいしては、ひといちばいにびんかんであった。きょうみめいめろすはむらをしゅっぱつし、のをこえやまこえ、じゅうりはなれたこのしらくすのしにやってきた。めろすにはちちも、ははもない。にょうぼうもない。じゅうろくの、うちきないもうとふたりぐらしだ。このいもうとは、むらのあるりちぎないちぼくじんを、ちかぢか、はなむことしてむかえることになっていた。けっこんしきもまぢかなのである。

3 『それから』夏目漱石　「た」が出る回数　回

だれかあわただしくもんぜんをかけてゆくあしおとがしたとき、だいすけのあたまのなかには、おおきなまないたげたがくうから、ぶらさがっていた。けれども、そのまないたげたは、あしおとのとおのくにしたがって、すうとあたまからぬけだしてきえてしまった。そうしてめがさめた。まくらもとをみると、やえのつばきがいちりんたたみのうえにおちている。だいすけはゆうべとこのなかでたしかにこのはなのおちるおとをきいた。かれのみみには、それがごむまりをてんじょううらからなげつけたほどにひびいた。よがふけて、あたりがしずかなせいかともおもったが、ねんのため、みぎのてをしんぞうのうえにのせて、あばらのはずれにただしくあたるちのおとをたしかめながらねむりについた。

27日 記憶力 記憶でたし算

月　　日

→答え▶ P.95

正答数　／6

目標時間 8分

かかった時間　分　秒

 6　 4　 9 を 20 秒で覚えましょう。左の数字を手か紙でかくして、下の絵でたし算をしましょう。

1

合計

2

合計

3

合計

4

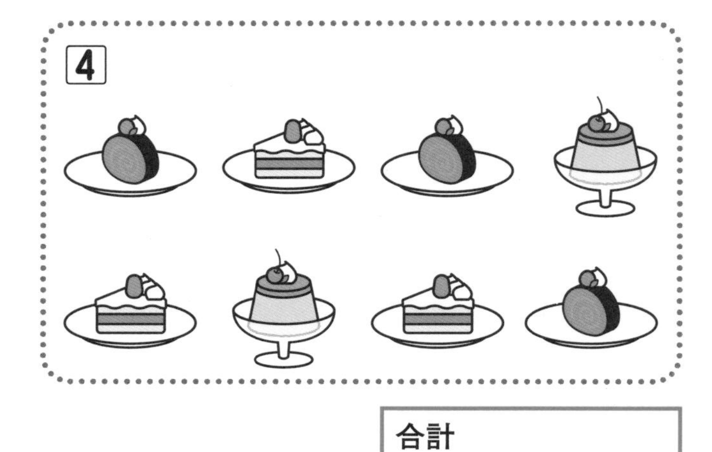

合計

5

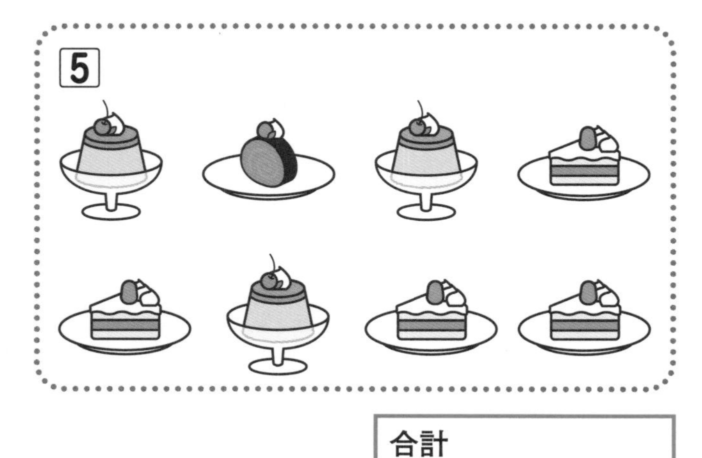

合計

6

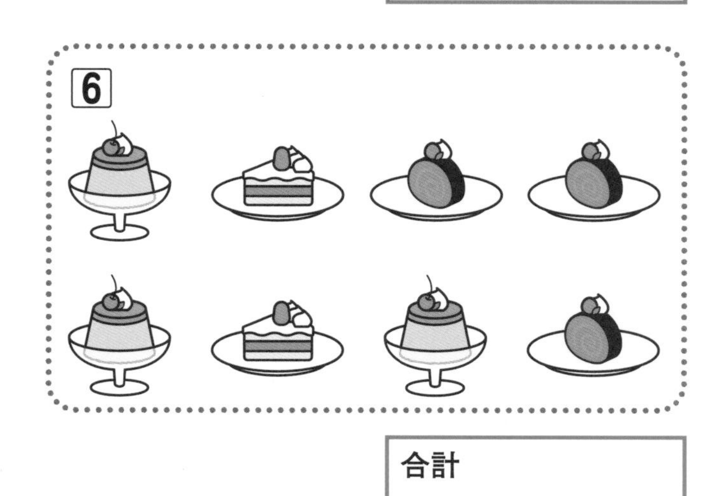

合計

視空間認知

文字記憶

漢字がタテ又はヨコに分解されています。合体してできる元の漢字１字を答えましょう。

1
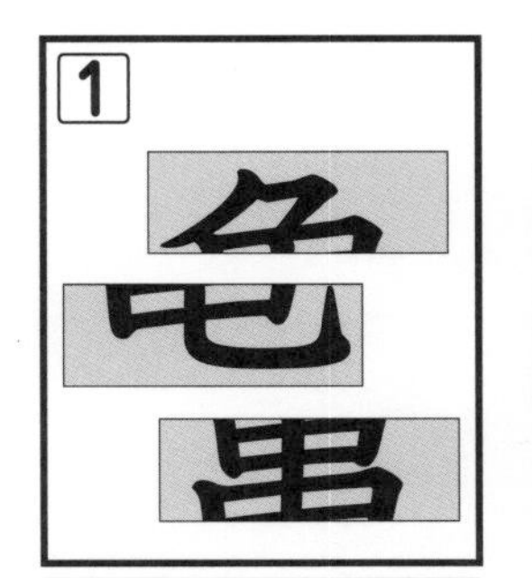
元の漢字

2
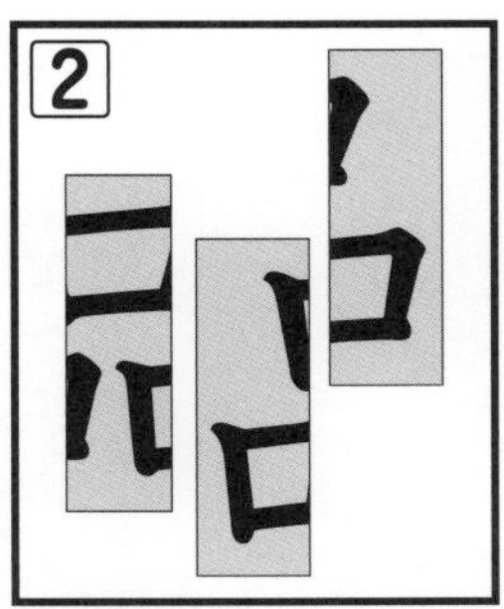
元の漢字

3
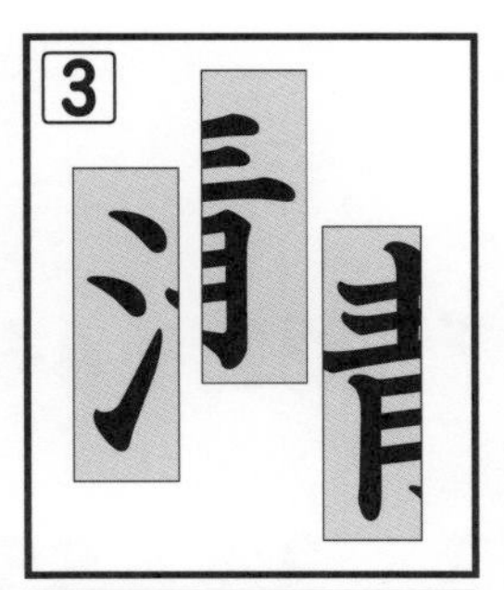
元の漢字

4

元の漢字

5
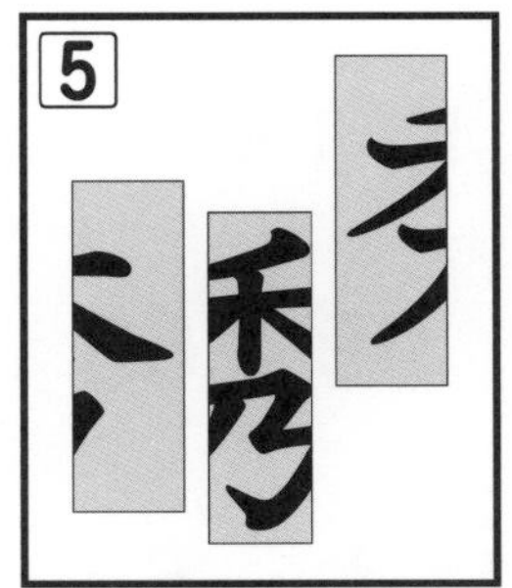
元の漢字

6
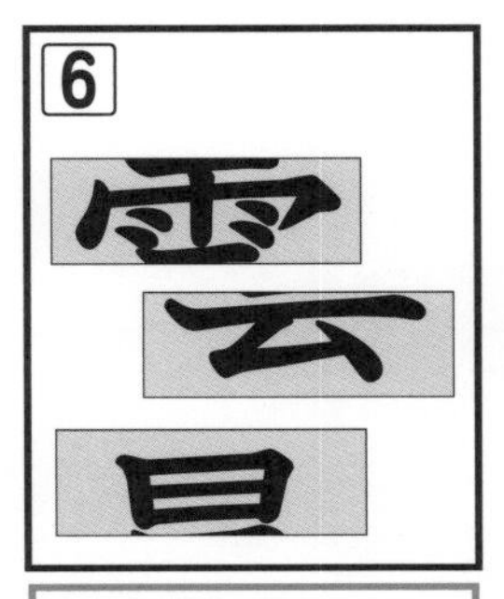
元の漢字

7
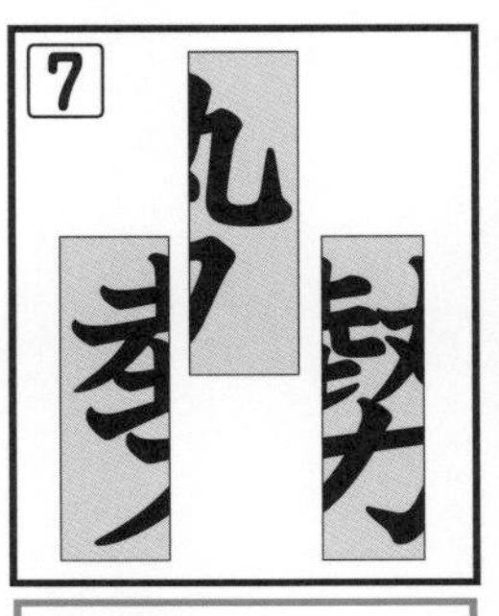
元の漢字

8
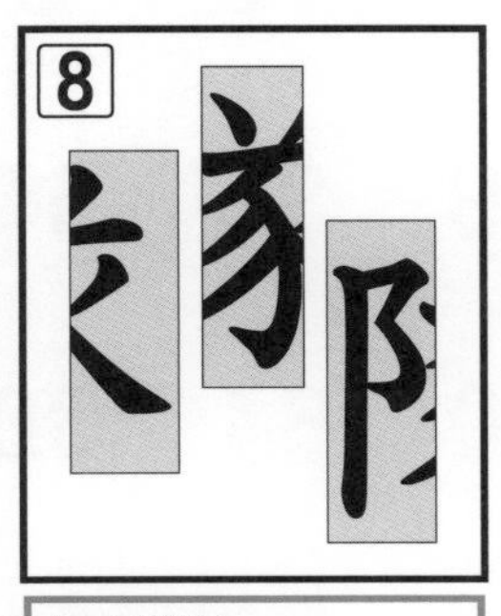
元の漢字

9
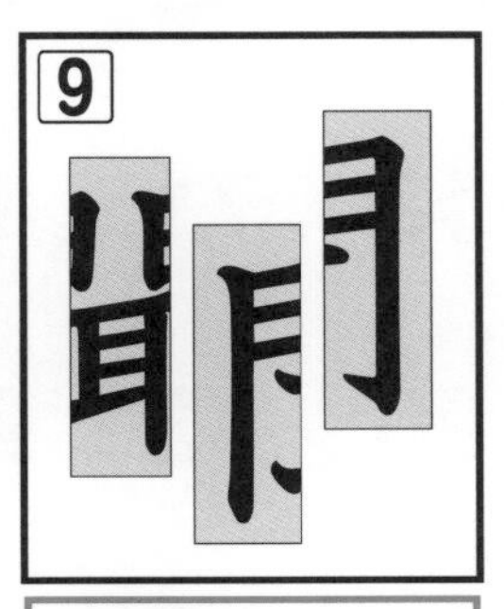
元の漢字

10

元の漢字

11
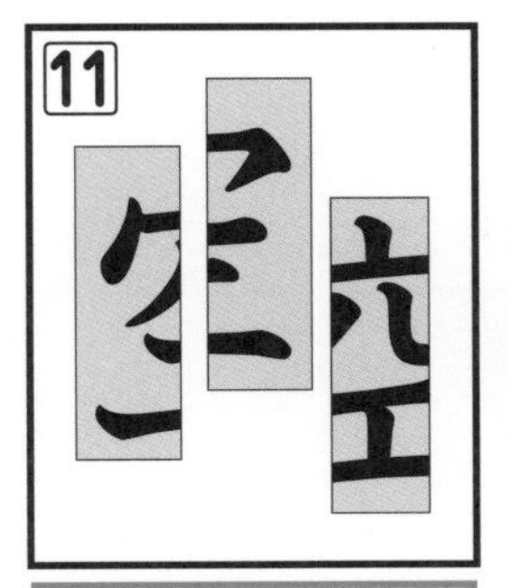
元の漢字

12
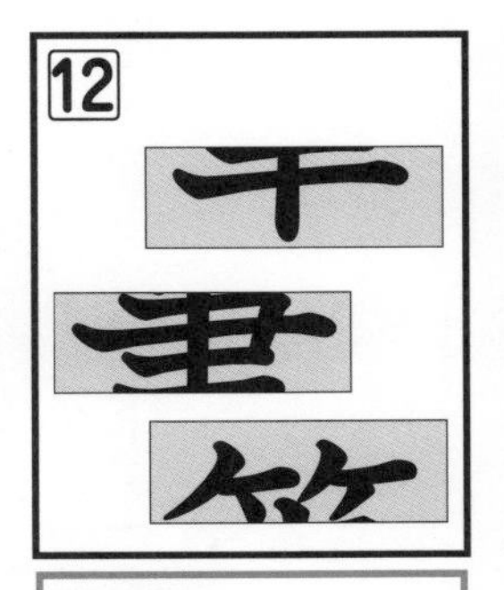
元の漢字

13
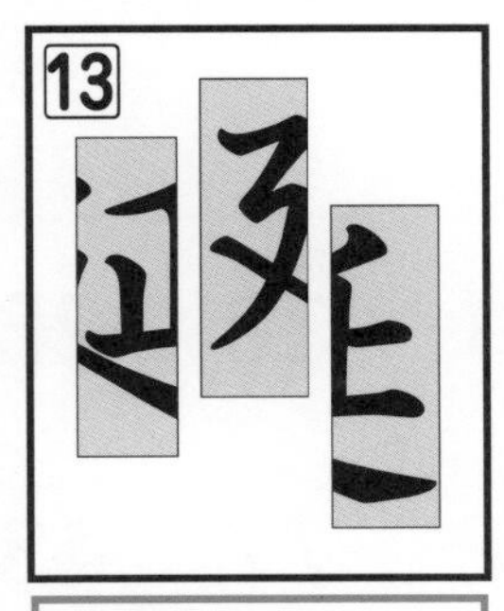
元の漢字

14
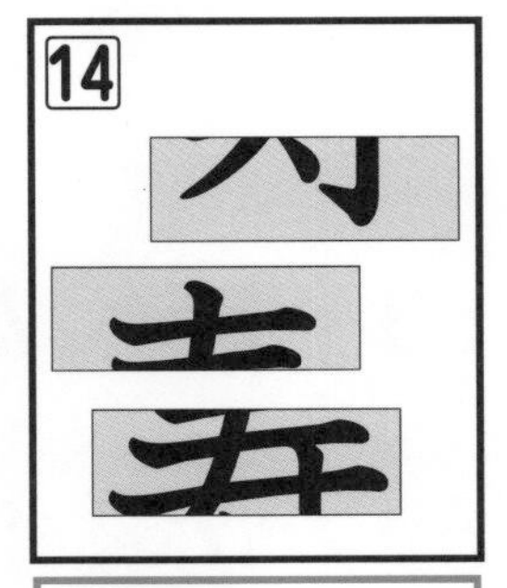
元の漢字

15
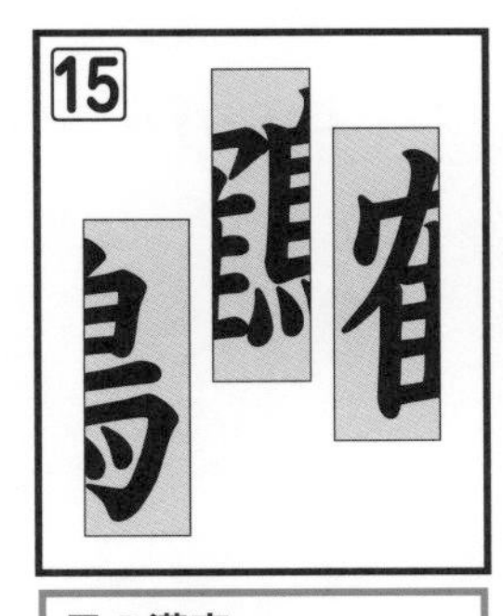
元の漢字

16
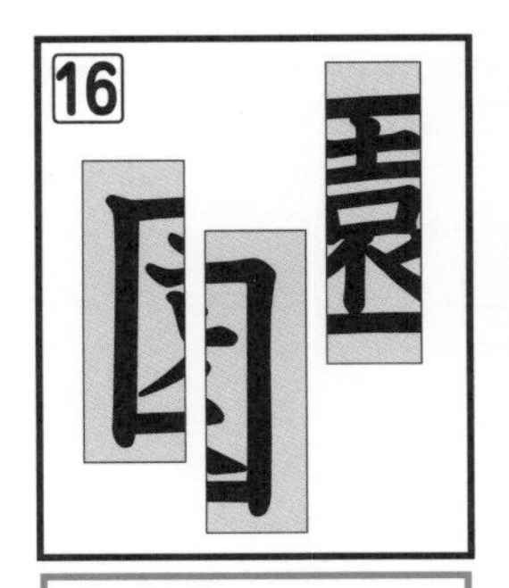
元の漢字

17
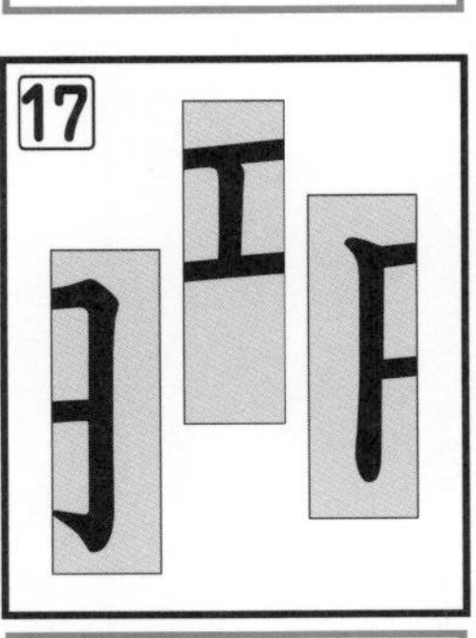
元の漢字

18
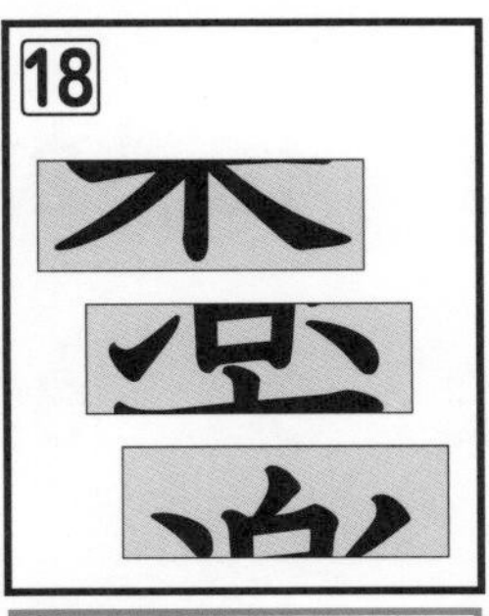
元の漢字

19
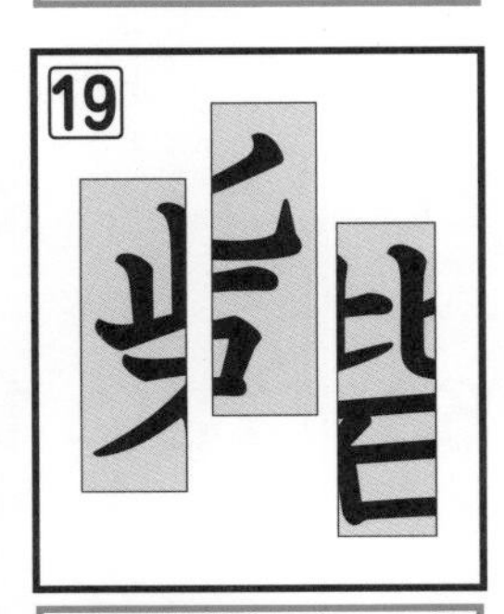
元の漢字

20
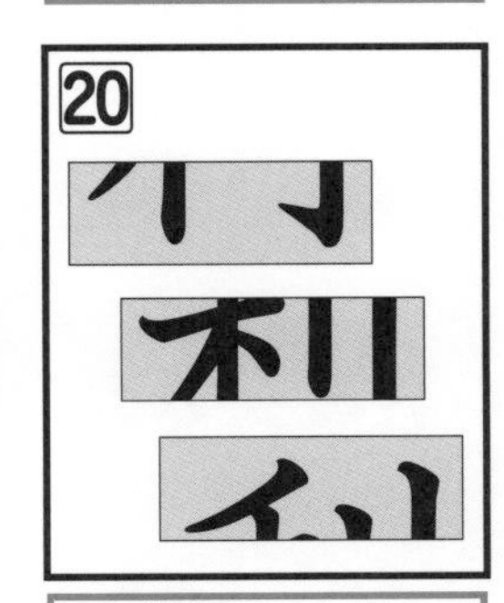
元の漢字

29日 情報処理 たし算ペア

月　日

→答え▶P.95

正答数　／8

目標時間 26分

かかった時間　分　秒

2つの数をたすと100になるペア、90になるペアが4つずつあります。その数字を□に書きましょう。

1 100のペア

98	63	93	22	17	32	44
3	52	94	82	83	33	55
69	79	37	49	43	16	6
95	60	12	71	19	35	54
87	30	90	73	20	64	38
8	26	66	46	41	96	61

100のペア

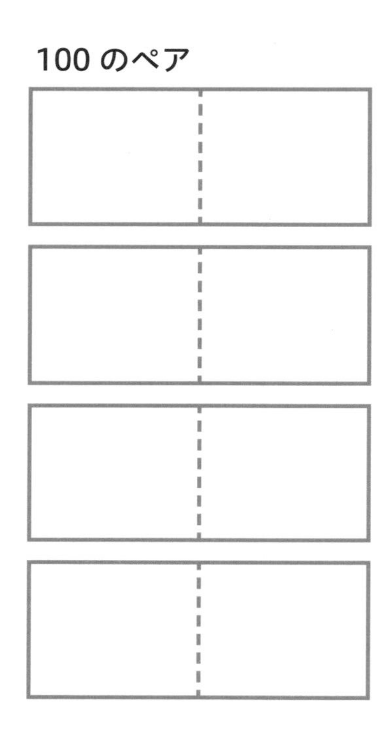

2 90のペア

48	58	83	36	71	38	26
33	15	82	7	18	77	43
68	45	9	39	3	16	62
4	74	80	53	21	46	27
84	44	63	73	12	88	60
50	23	1	76	29	49	56

90のペア

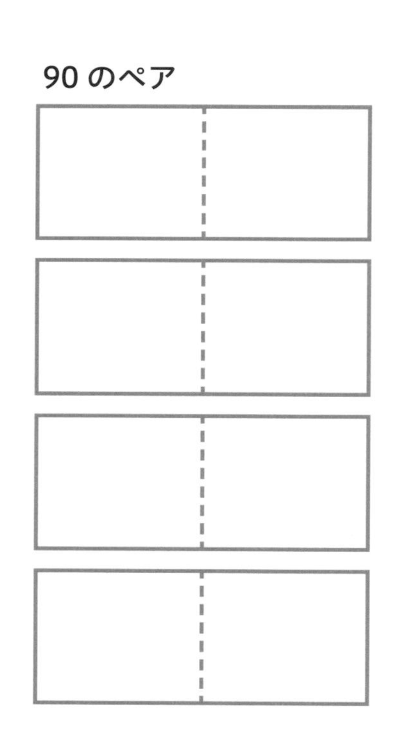

30日 記憶力

月　日

→答え▶ P.95

正答数 ／25

目標時間 30分

かかった時間 分 秒

矢印熟語パズル

➡の方向に読むと二字熟語ができます。リストの漢字をマスに１度ずつ入れましょう。

格	→	調	→	合	→	□	←	絵	→	本	→	□
		↓		↓				↓		↓		
発	→	□	→	□	→	長	←	面	←	□	→	代
		↓				↓				↓		↓
文	←	□	→	□	←	物	→	□	→	事		□
↓		↑				↑				↑		↑
□	→	家	←	農	→	□	→	□		理	←	□
↓						↓		↑				↓
□	←	剣	→	□	→	風	←	□	→	紙	←	巻
↓				↑		↓				↑		↑
具	←	馬	←	海	→	□	←	氷	←	□	→	□
↑						↑						
□	→	設	→	□	→	年	→	□	→	店	→	内
↓		↓				↑				↓		↓
国	→	□	←	木		□	←	老	→	舗	→	□

リスト

一　山　上　図　手　気　定　達　立
当　体　人　行　成　装　文　若　議
道　商　作　古　建　書　薄

解答

1日

〈ペアになる標識〉

〈ペアにならない標識〉

2日

1 35　2 34　3 42
4 32　5 30　6 39

3日

花	鳥	風	月
千	客	万	来
不	言	実	行
古	今	東	西
温	故	知	新
東	奔	西	走
晴	耕	雨	読
問	答	無	用
一	挙	両	得

無	我	夢	中
泰	然	自	若
頭	寒	足	熱
頭	脳	明	晰
丁	々	発	止
意	気	消	沈
渾	然	一	体
老	若	男	女
天	衣	無	縫

4日

1 3 + 15 + 11 = 29
2 27 − 16 + 4 = 15
3 4 × 9 − 12 = 24
4 18 ÷ 2 + 7 = 16
5 9 + 71 − 52 = 28
6 30 × 3 − 13 = 77
7 54 ÷ 9 − 3 = 3
8 108 − 70 + 24 = 62

5日

6日

							→	読み	読み	読み	読み	読み	読み
1	感度	江戸	金貨	衣装	土星	内気	→	えど	どせい	いしょう	うちき	きんか	かんど
2	屈折	地理	天気	両手	通知	民族	→	みんぞく	くっせつ	つうち	ちり	りょうて	てんき
3	海外	参加	門戸	移動	交差	雨雲	→	あまぐも	もんこ	こうさ	さんか	かいがい	いどう
4	空港	数字	海辺	柔道	別腹	来客	→	すうじ	じゅうどう	うみべ	べつばら	らいきゃく	くうこう
5	現在	砂糖	額縁	因果	調査	歌声	→	げんざい	いんが	がくぶち	ちょうさ	さとう	うたごえ
6	羽化	家路	貴重	自滅	食器	快晴	→	しょっき	きちょう	うか	かいせい	いえじ	じめつ
7	通訳	入力	秘訣	供養	句碑	梅酒	→	にゅうりょく	くひ	ひけつ	つうやく	くよう	うめしゅ

9日

1

2

10日 （順不同）

同じ組み合わせ　D・M・S

1つの数字以外同じ組み合わせ　F・O・U

11日

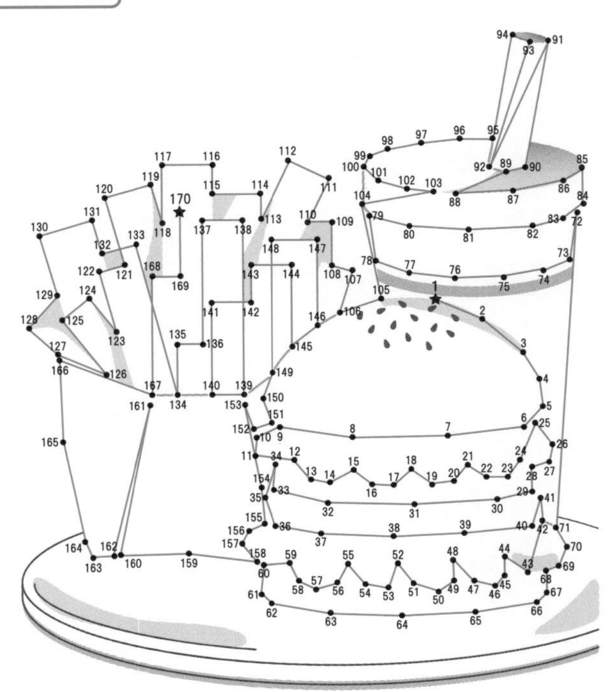

7日

1 2	2 12	3 11
4 8	5 18	6 16
7 10	8 9	9 8
10 7	11 40	12 2
13 16	14 4	15 6
16 0	17 41	18 16
19 42	20 20	21 1
22 40	23 5	24 7
25 10	26 8	27 11
28 40		

8日

1 13回　　2 12回　　3 11回

1 『現代語訳　平家物語』尾崎士郎訳　「し」が出る回数　　回

ぎおんしょうじゃのかねのこえ、しょぎょうむじょうのひびきあり。しゃらそうじゅのはなのいろ、じょうしゃひっすいのことわりをあらわす。おごれるひともひさしからず、ただ、はるのよのゆめのごとし。たけきものもついにはほろびぬ、ひとえにかぜのまえのちりにおなじ。にじゅうよねんのながきにわたって、そのけんせいをほしいままにし、「へいけにあらざるはひとにあらず」とまでごうごしたへいしももとはといえば、びりょくないちちほうのごうぞくにすぎなかった。そのけいふをたずねると、まずとおくさかのぼってかんむてんのうのだいごおうじ、いっぽんしきぶきょうかずらはらのしんのうというじんぶつが、そのせんぞにあたるらしい。

2 『セロ弾きのゴーシュ』宮沢賢治　「く」が出る回数　　回

ごーしゅはまちのかつどうしゃしんかんでせろをひくかかりでした。けれどもあんまりじょうずでないというひょうばんでした。じょうずでないどころではなくじつはなかまのがくしゅのなかではいちばんへたでしたから、いつでもがくちょうにいじめられるのでした。ひるすぎみんなはがくやにまるくならんでこんどのまちのおんがくかいへだすだいろくこうきょうきょくのれんしゅうをしていました。トランペットはいっしょうけんめいうたっています。ヴぁいおりんもふたいろかぜのようになっています。くらりねっともぼーぼーとそれにてつだっています。ごーしゅもくちをりんとむすんでめをさらのようにしてがくふをみつめながらもういっしんにひいています。

3 『夜明け前』島崎藤村　「う」が出る回数　　回

きそじはすべてやまのなかである。あるところはそばづたいにいくがけのみちであり、あるところはすうじっけんのふかさにのぞむきそがわのきしであり、あるところはやまのおをめぐるたにのいりぐちである。ひとすじのかいどうはこのふかいしんりんちたいをつらぬいていた。ひがしざかいのさくらざわから、にしのじっきょくとうげまで、きそじゅういっしゅくはこのかいどうにそうて、にじゅうにりあまりにわたるながいけいこくのあいだにさんざいしていた。どうろのいちもいくたびかあらたまったもので、こどうはいつのまにかふかいやまあいにうずもれた。なだかいかけはしも、つたのかずらをたのみにしたようなあぶないばしょではなくなって、とくがわじだいのすえにはすでにわたることのできるはしであった。

15日

1 常　2 釈　3 然
4 蓮　5 路　6 禅
7 頭　8 煙　9 船
10 鼓　11 節　12 京
13 棹　14 悟　15 蒼
16 報　17 答　18 瞬
19 将

16日

1 100のペア

11・89　26・74
33・67　48・52

2 90のペア

4・86　21・69
32・58　44・46　（順不同）

17日

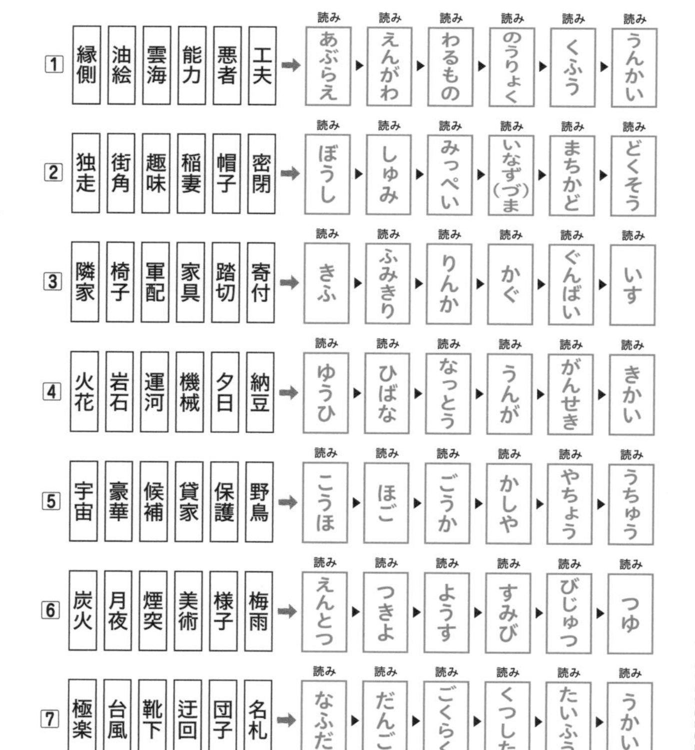

12日

13日

違　建　荻　葵　（順不同）

14日

1 18時間11分　2 39時間30分
3 34時間46分　4 9時間10分
5 7時間57分　6 25時間2分
7 28時間19分　8 20時間14分
9 21時間18分　10 24時間45分
11 22時間38分　12 30時間9分
13 8時間43分　14 5時間17分
15 28時間42分　16 27時間54分
17 11時間8分　18 3時間43分
19 10時間0分　20 7時間34分
21 9時間15分

20日

喜	怒	哀	楽
当	意	即	妙
八	方	美	人
用	意	周	到
危	機	一	髪
四	方	八	方
意	味	深	長
空	前	絶	後
油	断	大	敵

明	鏡	止	水
日	進	月	歩
開	口	一	番
天	下	泰	平
美	辞	麗	句
有	言	実	行
竜	頭	蛇	尾
紆	余	曲	折
栄	枯	盛	衰

21日

1 $18+35-26=27$
2 $49\div7+23=30$
3 $16\times5-45=35$
4 $88\div4+9=31$
5 $41-26+19=34$
6 $68\div4-7=10$
7 $16\times6-40=56$
8 $19+15-11=23$

18日

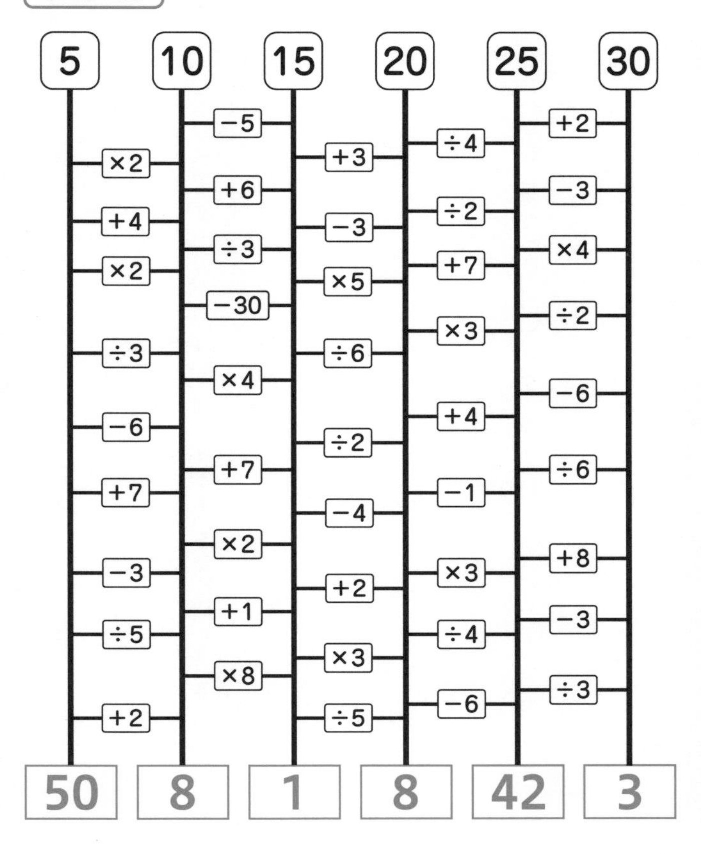

19日

〈ペアになる標識〉

〈ペアにならない標識〉

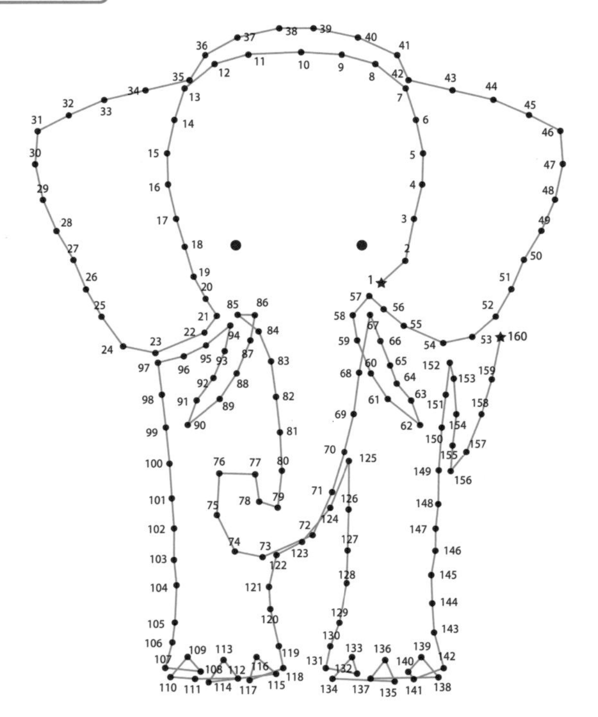

25日

1 見本

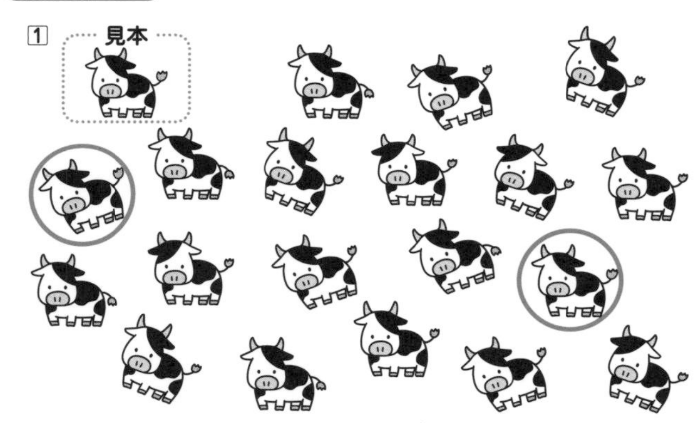

2 見本

22日

「フ」を探す

ココを見る

「ろ」を探す

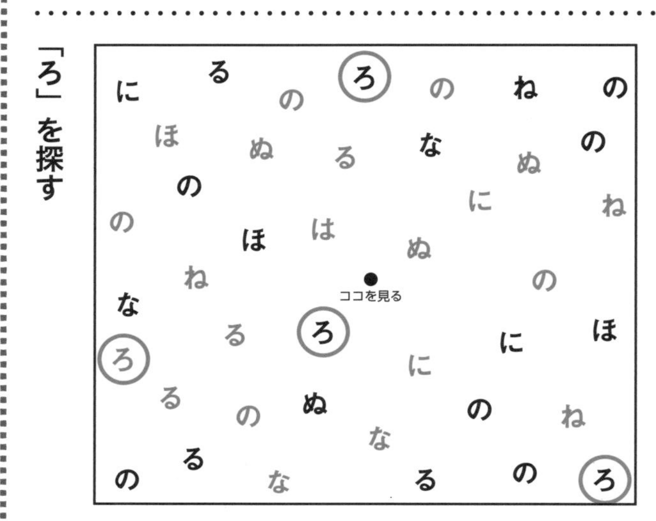

23日 （順不同）

同じ組み合わせ　F・N・V

1つの数字以外同じ組み合わせ

D・J・R

29日

1 100のペア

6・94　　17・83
37・63　　46・54

2 90のペア

7・83　　16・74
27・63　　44・46　（順不同）

30日

26日

1 19回　　2 4回　　3 25回

1 『月夜とめがね』小川未明　「い」が出る回数　回

まちも、のも、いたるところ、みどりのはにつつまれているころでありました。おだやかな、つきのいいばんのことであります。しずかなまちのはずれにおばあさんはすんでいましたが、おばあさんは、ただひとり、まどのしたにすわって、はりしごとをしていました。らんぷのひが、あたりをへいわにてらしていました。おばあさんは、もういいとしでありましたから、めがかすんで、はりのめどによくいとがとおらないので、らんぷのひに、いくたびも、すかしてながめたり、また、しわのよったゆびさきで、ほそいいとをよったりしていました。つきのひかりは、うすあおく、このせかいをてらしていました。なまあたたかなみずのなかに、こだちも、いえも、おかも、みんなひたされたようであります。

2 『走れメロス』太宰治　「え」が出る回数　回

めろすはげきどした。かならず、かのじゃちぼうぎゃくのおうをのぞかなければならぬとけついした。めろすにはせいじがわからぬ。めろすは、むらのぼくじんである。ふえをふき、ひつじとあそんでくらしてきた。けれどもじゃあくにたいしては、ひといちばいにびんかんであった。きょうみめいめろすはむらをしゅっぱつし、のをこえやまこえ、じゅうりはなれたこのしらくすのしにやってきた。めろすにはちちも、ははもない。にょうぼうもない。じゅうろくの、うちきないもうととふたりぐらしだ。このいもうとは、むらのあるりちぎないちぼくじんを、ちかぢか、はなむことしてむかえることになっていた。けっこんしきもまぢかなのである。

3 『それから』夏目漱石　「た」が出る回数　回

だれかあわただしくもんぜんをかけてゆくあしおとがしたとき、だいすけのあたまのなかには、おおきなまないたげたがくうから、ぶらさがっていた。けれども、そのまないたげたは、あしおとのとおのくにしたがって、すうとあたまからぬけだしてきえてしまった。そうしてめがさめた。まくらもとをみると、やえのつばきがいちりんたたみのうえにおちている。だいすけはゆうべとこのなかでたしかにこのはなのおちるおとをきいた。かれのみみには、それがごむまりをてんじょううらからなげつけたほどにひびいた。よがふけて、あたりがしずかなせいかともおもったが、ねんのため、みぎのてをしんぞうのうえにのせて、あばらのはずれにただしくあたるちのおとをたしかめながらねむりについた。

27日

1 53　　2 50　　3 46
4 51　　5 58　　6 48

28日

1 亀　　2 品　　3 清
4 鳥　　5 秀　　6 曇
7 勢　　8 隊　　9 聞
10 智　　11 空　　12 筆
13 延　　14 寿　　15 鶴
16 園　　17 円　　18 楽
19 砦　　20 利

脳科学が実証！

川島隆太教授の運転免許認知機能検査 合格対策脳ドリル

2023年8月15日　第1刷発行
2024年3月22日　第7刷発行

監修者　川島隆太、長信一
発行人　土屋徹
編集人　滝口勝弘
編集担当　古川英二、亀尾滋
発行所　株式会社Gakken
〒141-8416　東京都品川区西五反田2-11-8
印刷所　中央精版印刷株式会社

STAFF　ドリル編集制作　株式会社 エディット
特集1原稿　荒舩良孝
特集2・1～2章　編集協力 knowm／イラスト 酒井由香里／検査図 風間康志
特集1イラスト　オモチャ
イラスト　水野ゆうこ／さややん。／イラストAC
デザイン　内山絵美
本文DTP　株式会社 千里
校正　奎文館

この本に関する各種お問い合わせ先

●本の内容については、下記サイトのお問い合わせフォームよりお願いします。
https://www.corp-gakken.co.jp/contact/
●在庫については　Tel 03-6431-1250（販売部）
●不良品（落丁・乱丁）については　Tel 0570-000577
学研業務センター
〒354-0045　埼玉県入間郡三芳町上富279-1
●上記以外のお問い合わせは　Tel 0570-056-710（学研グループ総合案内）